LA
DIFFUSION

DE M. JULES ROBERT

Fabricant de sucre à Gr. Seelowitz (Moravie, Autriche)

COMPTES RENDUS, RAPPORTS, COMMUNICATIONS, JUGEMENTS, ETC.

RELATIFS A CE

NOUVEAU PROCÉDÉ D'EXTRACTION

DU JUS DE BETTERAVES

RECUEILLIS

PAR M. JOSEPH ADLER

à Vienne (Autriche)

TRADUCTION DE L'ALLEMAND

EN VENTE

A L'ADMINISTRATION DU JOURNAL DES FABRICANTS DE SUCRE

A PARIS, 89, BOULEVARD MAGENTA

A L'ADMINISTRATION DU JOURNAL LA SUCRERIE INDIGÈNE

94, RUE DES FAMARS, A VALENCIENNES

1868

LA

DIFFUSION

10399. — IMPRIMERIE GÉNÉRALE DE CH. LAHURE
Rue de Fleurus, 9, à Paris

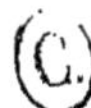

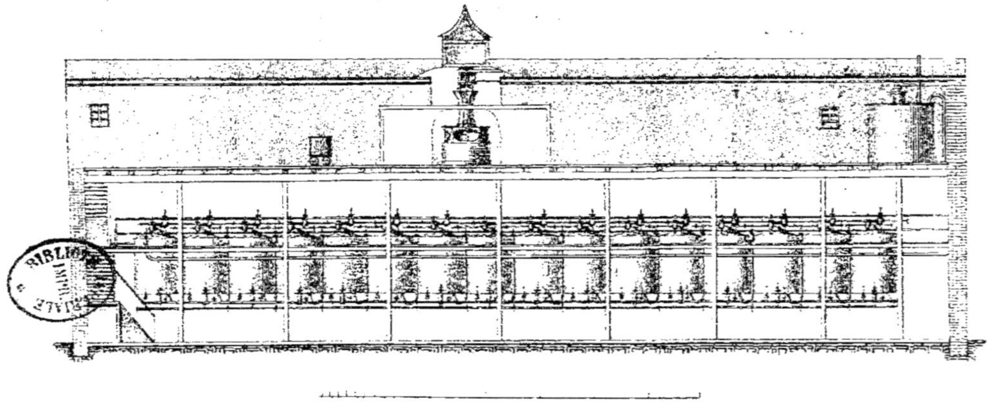

Le procédé de Diffusion
dans la fabrique de Seelowitz
(Moravie-Autriche)

LA

DIFFUSION

DE M. JULES ROBERT

Fabricant de sucre à Gr. Seelowitz (Moravie, Autriche)

COMPTES RENDUS, RAPPORTS, COMMUNICATIONS, JUGEMENS, ETC.

RELATIFS A CE

NOUVEAU PROCÉDÉ D'EXTRACTION

DU JUS DE BETTERAVES

RECUEILLIS

PAR M. JOSEPH ADLER

À Vienne (Autriche)

TRADUCTION DE L'ALLEMAND

EN VENTE

A L'ADMINISTRATION DU JOURNAL DES FABRICANTS DE SUCRE

A PARIS, 89, BOULEVARD MAGENTA

A L'ADMINISTRATION DU JOURNAL LA SUCRERIE INDIGÈNE

94, RUE DES FAMARS, A VALENCIENNES

1869

PRÉFACE.

Le vif intérêt que le procédé d'extraction du jus dit Diffusion, inventé par M. Jules Robert, de Seelöwitz (Moravie), a inspiré, tant aux savants qui se livrent à ces études, qu'aux industriels qui en font des applications pratiques dans leurs fabriques, m'a donné l'idée de recueillir les nombreux rapports qui ont été faits sur cette nouvelle méthode, tant en Autriche qu'à l'étranger, ainsi que les observations et les jugements dont elle a été l'objet, et d'en publier un choix disposé par ordre chronologique, à l'aide duquel on puisse étudier complétement cette intéressante question.

En réunissant ces rapports basés sur l'expérience,

mon but n'est point de modifier les décisions prises, ni d'influencer celles qu'on pourra avoir à prendre ultérieurement; je me propose seulement de mettre les fabricants qui n'ont point assisté aux discussions des associations de l'Industrie Sucrière en Autriche, ou dans l'Union douanière allemande, ou que leurs nombreuses affaires ont empêchés de prendre connaissance des rapports présentés sur la nouvelle méthode, de les mettre, dis-je, en mesure de se faire sur tout ce qui les concerne une opinion personnelle motivée.

Cette collection, formée autant que possible de pièces originales, renfermera surtout des faits; j'y joindrai les discussions les plus importantes qui ont eu lieu sur la méthode de diffusion dans les diverses assemblées générales des associations.

Dans la pensée qu'un grand nombre d'industriels voudront bien s'intéresser à cette collection, je me propose de la compléter, en publiant à la fin de chaque campagne tout ce qui aura été écrit d'important sur le sujet qui nous occupe.

Quelque intérêt que présentent les mémoires émanés de la plume de savants ou d'hommes joignant à la pratique de sérieuses connaissances théoriques, j'ai cru devoir publier aussi les rapports destinés à

faire simplement connaître les résultats qu'a donnés à divers fabricants l'application du procédé de
la diffusion.

J'ose prier Messieurs les savants et fabricants de
vouloir bien m'aider dans mon œuvre de propa-
gande, en m'envoyant les travaux qui y auraient
rapport.

Vienne, janvier 1869.

JOSEPH ADLER,

Fondé de pouvoirs de M. Jules Robert de Seelowitz.

TABLE DES MATIÈRES.

A

I

EXPOSÉ HISTORIQUE

DE LA MÉTHODE DE DIFFUSION DE M. J. ROBERT

Par G. REICH,
à Edeleny (Hongrie).

———

Dès le commencement de la campagne 1864-65, M. Jules Robert entreprit une série d'expériences dans la fabrique renommée de Seelowitz. Elles le conduisirent à une nouvelle méthode de macération que l'inventeur désigne du nom de « Procédé de diffusion. »

Sur l'invitation de M. Robert, un grand nombre de chimistes, d'ingénieurs et de fabricants se réunirent, vers la fin de la campagne, pour examiner l'exploitation industrielle de ce procédé déjà appliqué dans sa fabrique.

La présence du docteur Grouven et du docteur Weiler est pour l'industrie sucrière une garantie assurée que le nouveau procédé a été l'objet d'une étude solide et pratique; je crois néanmoins agir dans l'intérêt de mes confrères en essayant, par une série de considérations générales, de montrer à la fois en quoi consiste le principe sur lequel repose le procédé de la diffusion et ce qu'il y a de nouveau dans ce procédé. Ces considérations se sont produites dans le cours des expériences, et elles ont essentiellement modifié l'idée qu'on s'était faite du lavage des cellules végétales.

Si nous jetons un coup d'œil général sur les procédés actuels d'extraction du jus, nous trouvons le râpage et la pression si universellement adoptés que toute autre méthode a comme disparu devant eux. Une modification de système, proposée dans ces derniers temps, s'est répandue très-rapidement : elle consistait à soumettre de nouveau à la pression les résidus de la presse imprégnés d'eau ; on obtenait ainsi un supplément de rendement quantitatif qu'on poussait aussi loin que le permettait la nécessité de conserver aux jus leur bonne qualité. On devait donc croire que cette branche d'industrie avait atteint son apogée ; tout fabricant devait être entièrement tranquillisé par l'emploi si général de ce système, et se croire en possession de la méthode la plus parfaite.

Malgré cela, il y avait un *desideratum* ; c'était chez tous les fabricants le désir d'être débarrassés de la grande dépense de main-d'œuvre et de force motrice qu'exigeait le procédé actuel, et aussi le désir peut-être plus vif encore d'être affranchi de l'entretien et du nettoyage si coûteux et si désagréable des étoffes. On comprend donc facilement que les méthodes de macération qui promettaient d'obvier à ces inconvénients durent, dès leur apparition, être accueillies avec une grande sympathie.

Malheureusement, dans presque tous les cas, elles ont échoué, ou du moins les diverses tentatives qui ont été faites dans cette direction n'ont donné naissance qu'à des procédés sans valeur pratique, ou ne satisfaisant qu'à des conditions locales déterminées et très-restreintes.

D'où vient que généralement la macération des tranches de betteraves fraîches n'a point été appliquée? La réponse à cette question n'est devenue possible, dans une certaine mesure, que grâce à de nombreuses recherches chimiques et physiologiques sur la nature de la betterave et sur sa constitution anatomique.

Je tâcherai d'exposer clairement, à mesure qu'elles se sont produites, les idées qui ont servi de base à ces travaux; les résultats obtenus par le procédé de la diffusion prouveront ensuite combien les nouvelles expériences ont modifié essentiellement les idées sur l'épuisement des cellules végétales et quelle est l'*importance* du progrès que l'invention de M. Jules Robert a fait faire au procédé de la macération.

Je n'ai pas l'intention de développer ici complétement les lois de la diffusion, je les suppose connues dans leur généralité; je ferai remarquer seulement que c'est principalement la connaissance de ces lois qui a encouragé M. Jules Robert dans ses essais.

Le premier exemple de macération des tranches de betteraves fraîches pour lequel on s'est appuyé sur les données de la théorie a été le système de Mathieu de Dombasle qui le fit connaître en 1842. Il partait de cette observation que les tranches de betteraves fraîches ne pouvaient pas être atteintes par l'eau froide de façon à servir à la fabrication; mais que la macération se produisait facilement, pourvu qu'on séchât préalablement les tranches ou qu'on les exposât à une température de 100 degrés. Il en concluait que le tissu de la plante subissait une modification par la cuisson ou par la dessiccation, modification qu'il désignait sous le nom de *mortification*, et il admettait que la macération de l'osmose par l'eau ne se produisait que sur les cellules mortes.

On sait que le procédé Dombasle a, en très-peu de temps, complétement disparu de la pratique [1]. Malgré cela les méthodes de macération qui le suivirent, admirent comme exacte la théorie de l'ouverture des cellules par la mortification. C'est ainsi que dans la batterie de macération établie à Seelowitz, en 1846, on commençait aussi par ouvrir les cellules des betteraves fraîches par de la vapeur à 100 degrés. Ce procédé fut mis à exécution avec le plus grand soin et avec persistance ; néanmoins l'expérience a montré que le gonflement des tranches était souvent très-considérable sous l'action de la vapeur, et que le lavage parfait devenait plus tard inexécutable : en même temps les jus obtenus étaient plus visqueux et cristallisaient moins parfaitement qu'on ne devait s'y attendre. Du reste, ce procédé fut sensiblement amélioré lorsque, d'après les études de M. Frémy sur les effets et sur les travaux de la maturité des fruits, on crut pouvoir n'élever la température des tranches qu'à 65 degrés Réaumur (80 degrés centigrades). On trouva que cette température était suffisante aussi pour opérer la mortification de la cellule jusqu'au point où on la jugeait nécessaire. Mais l'amélioration ne fut qu'ap-

---

1. Les essais de lavage à froid de la betterave par Dombasle, échouèrent surtout par suite de la trop grande division de la betterave.

parente. On avait espéré que la pectose insoluble contenue dans la betterave ne se transformerait pas en pectine soluble, et que l'on obtiendrait un jus non visqueux ; mais cet espoir fut déçu, car il était impossible dans l'exploitation pratique de régler avec précision la température.

A partir de ce moment, il paraît y avoir eu un temps d'arrêt dans les perfectionnements du système de la macération des tranches fraîches. Mais l'attention se porta sur la pulpe de la betterave et sur son lavage à l'eau froide. Les méthodes fondées sur ces considérations trouvèrent leur expression dans la batterie de lavage de Schützenbach et plus tard dans les centrifuges de Frickenhaus. Néanmoins aucun de ces deux systèmes ne fut capable de lutter contre la prédominance du procédé basé sur la pression.

Il n'y avait donc aucun motif de rejeter l'hypothèse fondamentale qui avait guidé Dombasle ; elle fut même fortifiée par un mémoire de M. Dubrunfaut sur l'osmose et son emploi dans l'industrie. L'idée de ce travail lui fut inspirée à une époque où diverses circonstances engageaient les fabricants français à employer leurs betteraves à la fabrication des esprits.

La macération fut alors reprise ; car il n'est pas indispensable que le jus qui doit se transformer par la fermentation soit exempt de viscosité, et le but principal est de produire un jus convenable et très-abondant. On peut résumer comme il suit l'ensemble des recherches de M. Dubrunfaut : il est facile d'épuiser la pulpe et d'autant plus que la pulpe est plus fine. L'adhérence naturelle des cellules, ainsi que les gaz contenus dans les espaces intercellulaires, empêchent l'accès du fluide macérateur, et résistent au double courant de la force osmotique. Il est vrai qu'après un certain temps, la force osmotique vaincrait ces obstacles sans mortification ; mais alors il se produirait des effets secondaires, tels que la fermentation visqueuse et lactique, qui dérangeraient le cours de la macération. — Les cellules des betteraves fraîches non mortifiées se trouvent dans un état de gonflement et sont d'une nature purement exosmotique. La mortification n'a d'autre but que de supprimer l'adhérence des groupes de cellules ; par là l'air est écarté, et l'état exosmotique de la cellule se trouve modifié. L'élévation de la température, qui augmente la force osmotique, accélère aussi la macération. Les acides minéraux étendus[1] opèrent également la mortification de la cellule et rendent les tranches de betteraves fraîches accessibles à la macération.

J'ai rappelé à dessein l'opinion émise par M. Dubrunfaut, parce que tous la considérèrent comme exacte, et la prirent pour base de l'explication des résultats de la macération des tranches fraîches. Ce ne fut que plus tard qu'une autre opinion prévalut. On cessa de s'occuper de l'état dit exos-

[1]. La fabrication de l'alcool de betteraves a tiré un parti vraiment extraordinaire de ce phénomène. On fait fermenter les tranches de betteraves dans de l'eau acidulée ou dans des vinasses de betterave contenant des ferments développés. La fermentation qui protége les tranches contre toute modification, se poursuit avec une grande régularité ; en sorte que l'on trouve le sucre de la cellule remplacé par son équivalent d'alcool et qu'on peut le distiller directement des tranches.

D'après l'opinion de Dubrunfaut, il se produirait ici d'abord une modification, puis une macération et ensuite la fermentation alcoolique ; mais cette dernière ne se produirait pas dans la cellule même ; car le microscope n'a décelé aucune trace de déchirure de la cellule.

motique des cellules encore vivantes, et de le considérer comme un obstacle à la macération ; on attribua l'obstacle à la substance intercellulaire existante entre les diverses membranes cellulaires.

On admit que cette substance était composée de pectose insoluble dans l'eau (*Journal des fabricants de sucre du Zollverein*, 1857 ; volume VII, pages 284 à 293), mais qui, à une température de 65 à 70 degrés Réaumur, ou sous l'influence d'acides étendus, se transformait en pectine aisément soluble, ce qui faisait disparaître l'obstacle qui s'opposait au lavage de la cellule par l'eau.

Ces deux opinions, prises comme base théorique exacte, ne donneraient aucun espoir de parvenir à améliorer les procédés d'extraction du jus par la macération des tranches fraîches. L'osmose n'était possible que par la mortification des cellules, ou, comme on le prétendit plus tard, par la dissolution de la substance intercellulaire, ce qui rendait inévitable un mélange du jus avec la pectine et ses métamorphoses ultérieures. L'extraction du jus se faisait plus aisément que par la méthode basée sur les pressions ; mais ce n'était qu'aux dépens de la qualité du jus.

La question paraissait donc insoluble, et nous devons une grande reconnaissance à M. Jules Robert qui a eu le courage de la reprendre, et de soumettre à des observations attentives cette théorie de la mortification, généralement admise comme vraie. Favorisé par l'existence à Seelowitz d'une batterie de macération, il put exécuter les expériences de laboratoire les plus minutieuses sur l'échelle de l'exploitation industrielle, en sorte que la méthode de travail a surgi armée de pied en cap dès le commencement de la campagne de 1864 à 65.

Il me reste à faire connaître le résultat de ces expériences. Mais je ne puis omettre le mémoire présenté le 17 novembre 1864 à l'Académie impériale des sciences de Vienne par le docteur F. Wiesner, professeur à l'École polytechnique impériale et royale. Cet excellent mémoire intitulé : « Recherches sur l'existence de la pectine dans les tissus de la betterave » constitue la véritable explication scientifique du procédé de la diffusion et établit les considérations sur lesquelles il est basé. Je dois aussi mentionner la brochure du docteur Weiler, chimiste de l'association de l'industrie sucrière, intitulée : « Rapport sur le nouveau procédé d'extraction du jus appelé diffusion, de M. Jules Robert. » Toutes les parties de ces travaux présentent un tel intérêt, que je dois renoncer à en faire des extraits, qui les mutileraient. D'ailleurs, je suis convaincu que les journaux spéciaux ne tarderont pas à les publier en entier pour l'instruction de leurs lecteurs.

Je vais terminer par un résumé, où j'ai condensé le résultat des travaux de M. Jules Robert, ainsi que les faits scientifiques qu'a observés le docteur Wiesner, et qui leur servent de base.

1° L'assertion que la mortification des cellules de la betterave doit précéder la macération, a été reconnue inexacte ;

2° Par des aménagements convenables et un procédé approprié, on peut, sous une température de 0 à 40 degrés Réaumur, extraire au moyen de l'eau le sucre contenu dans des tranches de betteraves d'une structure lamelleuse fine ;

3° La nouvelle méthode de fabrication assure la régularisation précise des températures pendant l'opération, et la constance, à tous les degrés du travail, des températures reconnues nécessaires ;

4° Les recherches microscopiques du docteur Wiesner, ont prouvé qu'à une température d'opération de 0 à 40 degrés, il n'y a pas gonflement de la substance intercellulaire composée de pectose, ce qui rendrait la diffusion en produits difficile, et que la formation des substances pectiniques de nature soluble (pectine, acide pectique), est réduite à son minimum.

5° L'observation que la partie de beaucoup la plus considérable du protoplasma est conservée dans les cellules des betteraves traitées par ce procédé, prouve que le jus ainsi extrait est plus pur que le jus même des presses, et que la valeur des résidus comme nourriture pour les bestiaux est plus considérable.

Nous avons donc tout sujet d'accueillir avec empressement l'invention de M. Robert, et nous souhaitons au procédé de diffusion une prompte propagation et l'estime qu'il mérite.

II

LE NOUVEAU PROCÉDÉ DIT DE DIFFUSION

DE M. JULES ROBERT, A SEELOWITZ (MORAVIE)

PAR

M. WEILER.

Ce fut en 1846 que MM. Robert et Cie établirent dans leur usine, à Seelowitz, la macération en grand des betteraves fraîches. Cependant la production d'un jus de bonne qualité ne put être atteinte, malgré les appareils simples et ingénieux qu'on employa. On était obligé, pour obtenir une extraction complète, d'employer une température de 100^b c., et par suite on obtenait tout le jus des betteraves, mais un jus qui ne se prêtait que médiocrement à la défécation et à la cuite. Par suite, la macération Robert ne fut adoptée nulle part et ne put suffire aux exigences de la fabrication.

Ce sont surtout les substances pectiques qui, par suite de la température élevée, sont entraînées en dissolution et qui, pendant la défécation à la chaux, donnent lieu à des produits qui plus tard occasionnent de nombreux inconvénients. Ni l'emploi de larges quantités de chaux et d'acide carbonique, ni la défécation la plus soignée n'ont pu réussir à éloigner ces combinaisons pectiques et ces substances de nature extractive. De là les résultats peu satisfaisants du procédé, tant par rapport à la qualité qu'à la quantité du produit.

Le zèle infatigable et les tentatives suivies de M. Jules Robert, joints à des études scientifiques et approfondies des lois de la diffusion, ont enfin été récompensés par la découverte d'un procédé pratique que l'inventeur vient de signaler sous le nom bien approprié de procédé de diffusion.

Nous croyons pouvoir, à plein droit, regarder ce procédé comme le point de départ d'un des progrès les plus bienfaisants, dans le domaine de l'industrie sucrière. En effet, ses avantages éminents sont : d'abord une installation et des dépenses de fabrication infiniment moindres que pour les procédés ordinaires ; ensuite une extraction véritablement parfaite du jus ; et enfin une pureté plus grande de ce jus, consistant notamment dans la diminution de la quantité de substances albuminoïdes et pectiniques. Les résidus ne contiennent plus qu'un minimum de sucre (0,1 à 0,2 pour 100), et en même temps, une quantité plus considérable de substances nutritives que les pulpes ordinaires. C'est un motif de préférence marquée en faveur du nouveau procédé, car toutes les améliorations qui jusque-là, devaient conduire à une augmentation du sucre obtenu, diminuaient en même temps la valeur nutritive des résidus.

Voici en quoi consiste le caractère essentiel du nouveau procédé : Tandis que la macération à chaud servait à ouvrir toutes les cellules des racines pour en faire écarter le jus et le sucre tenu en dissolution, c'est au contraire des cellules intactes et fermées que la diffusion fait sortir le sucre, et cela par suite de l'égalisation des densités entre le jus sucré concentré des différentes cellules et de la liqueur aqueuse environnante.

Le procédé de diffusion fait entrer moins d'eau dans le jus extrait que le procédé ordinaire des presses, tandis qu'il donne 10 pour 100 de jus en plus, ce qui équivaut, selon la nature des betteraves, à un produit en plus de 1/2 à 1 pour 100 du poids des racines.

Le nouveau procédé vient de faire ses preuves pendant tout une campagne, à Seelowitz, et cela dans un travail continu et sur la plus grande échelle. Les jus obtenus ont été travaillés sans le moindre inconvénient, et, avec des quantités de noir relativement faibles, ils ont donné les résultats les plus satisfaisants. Il sera donc permis de fonder un jugement définitif sur ces observations de fabrique qui n'ont plus, en aucune façon, le caractère d'expériences de laboratoire.

Cependant j'ai cru devoir tâcher d'approfondir directement les effets de ce procédé, pour en prouver par voie scientifique la haute valeur. J'ai donc, après avoir été témoin de la fabrication en grand, exécuté au laboratoire une série d'expériences comparatives ayant pour but de démontrer clairement la différence qualitative entre le jus des presses et celui de la diffusion.

Dans ce but je partageai un certain nombre de betteraves suivant la longueur en deux parties; l'une de ces parties fut pressée, l'autre extraite par diffusion.

Puis je déterminai par dessiccation après addition de poudre de quartz, la matière sèche dissoute et enfin séparément le sucre, les cendres, et les matières organiques y contenues.

Les nombreuses analyses que j'ai instituées de cette manière ont donné des résultats fort conformes; en voici deux exemples qui peuvent très-bien représenter le rapport moyen entre les deux espèces de jus :

I

	Jus de presse.	Jus de diffusion.
Matière sèche	13,936 p. c.	10,236 p. c.
Sucre....................	11,25 p. c.	8,410 p. c.
Cendres.................	0,603 p. c.	0,449 p. c.
Matière organique..........	2,083 p. c.	1,377 p. c.

Donc pour 100 parties de sucre :

	Jus de presse.	Jus de diffusion.
Cendres	5,360 parties.	5,339 parties.
Matière organique..........	18,516 —	16,373 —
	23,876 parties.	21,712 parties.

II

	Jus de presse.	Jus de diffusion.
Matière sèche	15,521 p. c.	13,986 p. c.
Sucre.........../.........	12,410 p. c.	11,580 p. c.
Sels de potasse et de soude..	0,458 p. c.	0,441 p. c.
Sels de chaux et de magnésie	0,187 p. c.	0,191 p. c.
Combinaisons azotées.......	1,418 p. c.	1,791 p. c.
Combinaisons non azotées...	1,048 p. c.	0,983 p. c.
Total..........	15,521 p. c.	13,986 p. c.
Azote......	0,224 p. c.	0,125 p. c.

Donc pour 100 parties de sucre :

Sels de potasse et de soude ..	3,690 p. c.	3,808 p. c.
Sels de chaux et de magnésie.	1,507 p. c.	1,649 p. c.
Substances azotées	11,426 p. c.	6,830 p. c.
Substances non azotées......	8,445 p. c.	8,488 p. c.
Total	25,068 parties.	20,775 parties.

Les analyses journalières des jus obtenus à Seelowitz, pendant toute la campagne, ont établi de la même manière en général la supériorité de qualité en faveur du nouveau procédé.

C'est la conséquence surtout de la moindre proportion de matières albuminoïdes qui, à l'état protoplastique où elles se trouvent dans les cellules, ne sauraient entrer en diffusion, et qui, partant, ne se trouvent point dans les jus à déféquer. Ce fait est constaté par certains phénomènes durant la défécation et par la richesse des résidus en matières azotées. L'extraction des jus se fait à une température à laquelle la matière intercellulaire ne se gonfle pas; tandis donc que le sucre entre en dissolution, les substances pectiques restent à l'état inaltéré et insoluble dans les cellules.

Il y a donc deux causes qui, pour le jus de diffusion, déterminent un degré d'altérabilité beaucoup moindre que ne le possèdent les jus ordinaires des presses'; ce sont d'abord la petite quantité de matières azotées qu'il contient, et ensuite l'absence absolue des sucs pendant l'extraction.

Même la plus scrupuleuse propreté ne saurait garantir les jus ordinaires de toute altération nuisible à leur richesse saccharine. Tandis que l'expérience a démontré que le jus de diffusion est resté parfaitement inaltéré à la température ordinaire pendant vingt-quatre heures, le jus des presses a pris dans les mêmes circonstances un aspect mucilagineux et visqueux, par suite d'une décomposition des matières organiques étrangères.

On sait que le jus des presses contient ordinairement des quantités appréciables de pulpe, surtout quand le travail des râpes est bon ; cette pulpe donne lieu, dans les chaudières à défécation, à la formation de substances qui opposent des obstacles sérieux aux opérations suivantes et au rendement en sucre. Cet inconvénient est supprimé entièrement par le nouveau procédé, attendu que les cellules des betteraves ne sont plus déchirées, mais seulement ouvertes à l'issue des jus par un mécanisme nouveau et ingénieux.

Quoique la qualité des jus de diffusion se soit toujours montrée supérieure à celle des jus de pression, ce n'est pas précisément dans cette supériorité qu'il faut chercher le caractère prédominant du nouveau procédé. C'est plutôt l'extraction complète du jus et la diminution extrême des frais de revient ; cependant, comme règle générale, on pourra regarder les jus de diffusion, même pour une fabrication moins rigoureuse et moins soignée, comme tout au moins de la même valeur et de la même facilité de travail que ceux provenant des presses. Comme les substances albumineuses restent pour la plupart dans les résidus de macération, il y aura moins d'écumes de défécation et par suite moins de sucre perdu.

Des appréciations exactes ont donné pour 500 centimètres cubes de jus de betteraves ordinaire, déféqué avec 2,5 grammes de chaux vive, une quantité d'écumes représentée par 5,287 grammes de matière sèche, tandis que 500 centimètres cubes de jus de diffusion provenant des betteraves de même qualité et d'une densité égale, ne fournissent de la même manière que 3,697 grammes de résidu.

En moyenne on obtiendra en écumes de défécation 2,338 p. 100 pour les jus ordinaires, contre 1,454 p. 100 pour les jus de diffusion. La défécation se fera comme à l'ordinaire ; on emploiera pour la séparation des écumes soit les filtres Taylor, soit les nouveaux filtres-presses.

Les analyses suivantes donneront une idée de la composition des produits de la diffusion tels qu'ils furent obtenus en travail continu à Seelowitz. L'analyse a porté sur la masse cristallisée immédiatement après la cuite. La couleur était d'un jaune clair.

La masse donna en 100 parties ;

Eau	11,886
Sucre.	79,250
Sels de potasse et de soude.	3,458
Chaux et sels de chaux.	0,139
Matières étrangères organiques . . .	5,267
	100,000

Il y a donc, sur 100 parties de sucre cristallisable :

Matières étrangères organiques . . .	6,546
Sels de potasse et de soude	4,363
Chaux et sels de chaux.	0,174
En tout.	**11,183**

parties de substances étrangères. On remarque que cette

composition correspond à celle des meilleurs produits analogues du procédé des presses.

Il nous reste à nous occuper des résidus qui, pour le procédé de diffusion, constituent, par suite de la quantité d'eau absorbée, 70 p. 100 du poids des betteraves. Comme nous l'avons déjà dit, la valeur nutritive de ces résidus devra être plus grande que celle de la pulpe ordinaire, à cause du peu de substance albuminoïde extraite par la diffusion. Les résidus perdent une partie de leur eau dans le transport de la fabrique à l'étable ; on en donne alors aux bœufs, qui la mangent avec avidité, 6 kilog. par kilo de chair vivante. On a aussi essayé de mettre les résidus en silos. La fermentation s'y est faite comme à l'ordinaire, et au bout de quatre mois on a trouvé les résidus en parfait état de conservation, de sorte que malgré leur humidité, ils ne donnent lieu à aucune difficulté du côté de leur emploi comme nourriture du bétail.

L'analyse chimique des résidus provenant immédiatement de la fabrique, a donné les nombres que voici pour 100 parties de matière sèche :

Sucre cristallisable	1,065
Substances protéiques	11,749
Substances grasses	0,436
Cellulose	21,487
Autres hydrates de carbone	56,843
Sels minéraux	6,325
Sable, etc.	2,095
	100,000

Somme toute, le procédé de diffusion est donc parfaitement étudié, tant en pratique qu'en théorie. Les frais

2

d'extraction seront diminués de moitié en comparaison avec le travail des presses; l'extraction des sucres est plus complète, le jus plus pur. Les frais d'installation se trouvent être d'un tiers ou de la moitié moindres qué pour les presses; les frais d'entretien sont presque nuls.

Nous répétons que ce ne sont point les résultats d'observations au laboratoire que nous venons d'exposer. Le procédé n'a plus d'épreuves à subir, il a pour lui la pratique manufacturière, car 100 000 quintaux de betteraves travaillées constituent bien certainement une épreuve irrécusable, d'autant plus que cette fabrication a été montée et exécutée sous les yeux d'un de nos industriels les plus distingués et les plus expérimentés.

III

RECHERCHES MICROSCOPIQUES

FAITES SUR LES TRANCHES DE BETTERAVES, TRAITÉES PAR LE PROCÉDÉ DE M. JULES ROBERT, A SEELOWITZ.

1° On reconnaît par l'inspection des couches longitudinales et transversales des tranches que la disposition cellulaire n'a pas souffert d'altération notable. La couche supérieure de la cellulose est déchirée complétement, mais les couches inférieures ne présentent que rarement des traces de division et d'altération ; la majeure partie des cellules se trouvent au contraire dans leur état naturel. Le parenchyme laisse encore reconnaître le protoplasme qui est la partie de la betterave renfermant l'albumine.

2° Un fragment, enlevé avec précaution de l'intérieur d'une des tranches diffusionnées, a été traité par l'acide chromique qui a la propriété de dissoudre la substance intercellulaire ; il a ensuite été placé sous l'objectif et a présenté les cellules dans leur état complet d'isolement. Le parenchyme isolé se montrait alors à l'état intact, c'est-à-dire que la membrane était ronde et fermée, que le protoplasme occupait encore la même place qu'en pleine végétation ; son enveloppe même n'était pas attaquée, puisqu'on la voyait contractée sous l'influence de l'acide chromique.

3° La substance intercellulaire et la pectose, substances qui ne se gonflent qu'alors qu'elles sont soumises à l'action de l'eau bouillante, étaient encore déprimées.

4° Les réactions chimiques effectuées sous le microscope n'ont accusé la présence d'aucune partie de sucre cristallisable ; d'autres réactions ont au contraire démontré chaque fois la présence de presque toutes les matières albuminoïdes.

5° L'action des alcalis a dénoncé la présence du tannin dans les betteraves diffusionnées, aussi bien que dans les betteraves vertes.

A. On doit conclure de là que le sucre a par ce mode de fabrication traversé sans aucun doute la membrane cellulaire, ce qui constitue le phénomène de la diffusion.

B. L'adhésion persistante des cellules à la matière intercellulaire prouve que ce mode de fabrication a l'immense avantage de laisser dans la betterave cette même substance intercellulaire qui forme la pectose, en même temps que les matières albuminoïdes, corps excessivement nuisibles à la fabrication du sucre.

(*Signé*) : Docteur Jules Wiesner,

Professeur de physiologie végétale à l'Institut polytechnique de Vienne.

IV

RAPPORT DE LA COMMISSION

CHARGÉE D'EXAMINER LE NOUVEAU PROCÉDÉ D'EXTRACTION DU JUS

de M. JULES ROBERT,

à Seelowitz.

Sur le désir de la direction de l'association des fabricants de sucre, nous nous sommes rendus à Seelowitz, le 7 février de cette année, pour observer la marche du nouveau procédé d'extraction du jus inventé par M. Jules Robert.

Nous ne pouvons pas voir dans ces travaux de simples expériences ; car M. Jules Robert les exécute sur une grande échelle depuis le commencement de cette campagne.

Dès le premier examen, ce procédé frappe par sa simplicité et son bon marché.

La salle des presses, dont le service et l'entretien sont si coûteux, — les turbines centrifuges, continuellement en réparation et qui exigent une surveillance constante, — le procédé si compliqué de la macération, — tout cela a complétement disparu, et a été remplacé par ce que nous

allons décrire. On voit une ou plusieurs batteries, de cinq
à six vases chacune, dans lesquels on introduit les betteraves coupées en tranches courtes ou en petits copeaux.
Ces betteraves, une fois nettoyées, sont jetées dans la machine à laver, et on n'y touche plus avec les mains; des
élévateurs les amènent au coupe-racines; là, une lame
circulaire horizontale mue par une force de 4 à 5 chevaux,
coupe chaque jour 2500 quintaux de betteraves, les débite
en tranches de 75 à 125 millim. de longueur, 12 millim. de
large et 1 millim. d'épaisseur. Du coupe-racines les tranches tombent dans la balance; elles sont pesées, puis amenées par un petit chemin de fer, courant au-dessus des
batteries, et tombent par un entonnoir dans les cylindres
de diffusion. Ces cylindres formant une longue rangée,
contiennent 30 quintaux de tranches et 30 de liquide. La
charge se fait systématiquement. On commence par mettre
dans le premier cylindre 5 quintaux de tranches et autant
d'eau à 70 degrés Réaumur; et on continue de la sorte,
par charges alternatives de betteraves et de liquide, jusqu'à ce que le cylindre soit plein. On remplit ensuite le
second cylindre de la même manière; seulement au lieu
d'eau on emploie le jus étendu d'eau à 70 degrés venant
du premier cylindre, et on remplace ce jus, au fur et à
mesure, par de l'eau qui arrive du réservoir situé au-dessus du premier cylindre; cette eau se rend d'abord dans
une chaudière de chauffage, d'où la pression la chasse
dans le premier cylindre. La charge du second cylindre
achevée, on passe au troisième qui reçoit le jus du second,
étendu d'eau à 70 degrés; le quatrième cylindre reçoit
de même le jus du troisième, et le cinquième celui du qua-

trième. — La diffusion dans chaque cylindre dure environ une demi-heure. La charge et la vidange prennent environ une autre demi-heure; en sorte que toute l'opération dure de 4 à 5 heures depuis le commencement de la charge jusqu'à l'extraction; et quand le liquide a passé par les cinq cylindres, il a acquis, dans le cinquième, une densité telle, que, quand le premier cylindre reçoit de l'eau pour la sixième fois, le jus du cinquième peut être refoulé dans les chaudières à défécation.

Ce jus de diffusion, selon la température existante dans les cylindres, se trouve à une température de 25 à 40 degrés Réaumur. L'eau qu'il contient fait qu'il est moins dense d'un degré que le jus pur de la betterave.

Quand le cinquième cylindre a cédé son jus, on vide le premier cylindre des résidus délavés, et on le remplit alternativement de tranches fraîches et du jus du cinquième cylindre, chauffé à 70 degrés.

Les 5 cylindres de la batterie, auxquels on peut en ajouter un sixième de réserve, sont donc en communication complète l'un avec l'autre par une circulation de tuyaux, de telle façon que l'on peut refouler le liquide de l'un dans l'autre.

Ce n'est que la première charge complète d'un cylindre qui se fait avec de l'eau à 70 degrés Réaumur; les deuxième, troisième, quatrième et cinquième se font avec de l'eau froide. La température moyenne à laquelle s'opère la diffusion peut varier de 25 à 40 degrés, mais elle ne doit pas dépasser cette limite.

Nous n'avons considéré qu'une seule batterie, pour montrer comment procède la diffusion. A Seelowitz il y a

deux batteries de 6 cylindres, les sixièmes cylindres servent seulement de rechanges. Comme une batterie ter-
mine toujours son opération en 4 ou 5 heures, on pourrait
traiter en 24 heures environ 150 quintaux de betteraves.

Pour remplir convenablement les intervalles que laissent
ces deux batteries, et pour traiter une plus grande quantité de betteraves, il serait convenable d'avoir un système
de trois batteries à cinq cylindres.

La distribution de travail serait alors plus commode, et
se ferait de la manière suivante :

On remplirait d'abord

Le 1er cylindre de la 1re batterie, puis
Le 1er — 2e —
Le 1er — 3e —

Ensuite

Le 2e — 1re — puis
Le 2e — 2e —
Le 2e — 3e —

et ainsi de suite.

Les trois batteries étant toutes en marche, le travail se
répartirait toujours en trois temps. Une batterie serait en
diffusion, l'autre en charge, et la troisième en vidange.

Avec une pareille organisation on traiterait aisément
2300 à 2500 quintaux, et on utiliserait de la manière la
plus parfaite un personnel qui, même avec le service de la
chaudière à défécation, ne se composerait que de six
ouvriers :

2 recevant les tranches de la machine à couper, pesant
les tranches, et remplissant les cylindres ;

3 (un par batterie) pour divers services, comme ouver- ture et fermeture des robinets, et

1 pour vider les vases ; il serait d'ailleurs aidé par l'homme de service de la batterie.

L'économie de main-d'œuvre est donc très-remarquable; par contre, la quantité d'eau exigée nous paraît un peu embarrassante.

Le jus obtenu en entraîne de 10 à 15 pour 100.

70 pour 100 restent dans les résidus des tranches de betterave.

100 pour 100 s'écoulent des vases après la diffusion, mais peuvent encore servir comme eau de condensation.

D'après cela, la consommation totale d'eau peut être estimée en chiffres ronds à 200 pour 100 ; soit, pour 100 kilos de betteraves, 200 kilos d'eau.

Par le procédé de diffusion, il arrive aux chaudières de défécation 90 pour 100 de jus de betteraves, que l'on traite à Seelowitz à la manière ordinaire ; c'est-à-dire filtrant sur 10 à 12 pour 100 de noir animal, et cuisant dans des chaudières en fer.

La qualité des betteraves de Seelowitz est très-défectueuse; ce sont de grandes racines informes, que, dans ce pays-ci on n'a peut-être jamais soumises à l'opération de l'extraction de sucre. Au polarimètre, elles indiquent 6, 7, 8, 9 pour 100. Nous ne comptions donc pas sur une masse cuite bien réussie, et cependant nous avons trouvé qu'elle était normale, de bonne qualité et d'un goût très-pur. Le sucre brut qui en était extrait était d'une blancheur éblouissante ; le rendement d'ailleurs correspondait parfaitement à la polarisation si faible de ces betteraves.

N'ayant trouvé aucune cause qui pût agir d'une manière défavorable sur la qualité des jus ainsi obtenus, nous pensons que les avantages de la diffusion doivent se confirmer de plus en plus, si elle est pratiquée sur de meilleures betteraves.

Il paraît du reste que le jus de la diffusion doit à tous égards être plus pur que le jus ordinaire de la betterave, et voici pourquoi.

La substance intercellulaire des betteraves se compose pour la plus grande partie de pectose qui, dans l'eau, à une température inférieure à 40° R., ne se gonfle pas, et qui, sous l'influence des acides contenus dans les jus de la betterave, ne se transforme pas en pectine soluble. Il faut donc que la diffusion se produise au-dessous de 40° R. — Si, par exemple, on l'exécutait à 60 ou 70° R., la substance intercellulaire se gonflerait beaucoup, empêcherait le sucre de sortir des cellules, et introduirait dans le jus beaucoup de pectine soluble. La *macération osmotique*, car c'est ainsi que nous pouvons nommer le procédé Robert, laisse après elle des tranches de betteraves qui, d'après les observations microscopiques du professeur Wiesner de Vienne, conservent leur structure cellulaire et leur substance intercellulaire entièrement intactes ; le protoplasma lui-même, qui tapisse l'intérieur des cellules et se compose de substances albuminoïdes, y existe encore, intact et reconnaissable. Ainsi par la macération osmotique, la cellule ne perdrait que son sucre et ses sels ; et elle conserverait le plus possible de substan-

ces albuminoïdes et de combinaisons de nature pec-
tinique.

Pour juger de la pureté comparative du jus de diffusion,
nous avons fait, le 10 février, à Seelowitz, râper un quintal de betteraves servant à la diffusion et nous en avons
fait presser le jus. En même temps nous avons pris un
échantillon du jus de diffusion obtenu avec des betteraves
du même tas. L'analyse de ces deux échantillons de jus a
été faite à Salzmünde ; à Seelowitz, on n'avait fait qu'examiner le jus au moyen d'un polarimètre qui s'y trouvait.

L'analyse a donné dans 100 parties en poids :

	JUS	
	de presse.	de diffusion.
Poids spécifique....................	1,050	1,037
Sucre............................	9,830[1]	1,717
Sels.............................	0,696	0,413
Substances protéines...............	0,718	0,399
Matières extractives...............	1,265	0,903
Total des substances solides... :	12,209	8,885

Il y a donc, sur 100 de sucre :

Sels.............................	7,30	5,74
Matières albumineuses..............	7,54	5,50
Matières extractives...............	13,28	12,55

Cet examen a donc confirmé la pureté plus considé-

1. Le titre en sucre du jus de presse est plus élevé que celui du jus
de diffusion, et n'est point dans la proportion voulue, en raison des
15 pour 100 d'eau dont le jus de diffusion est étendu. Cela nous fait
présumer que le petit lot de betteraves qui a servi à l'extraction par
la presse était de meilleure qualité que la masse générale, c'est-à-dire
n'était pas si abondant en betteraves pourries. Sans cela la comparaison aurait été encore plus favorable pour le jus de diffusion.

rable du jus de diffusion. Cependant on ne peut pas en tirer de conclusion légitime pour ou contre la diffusion, car les betteraves traitées à cette époque à Seelowitz étaient en partie gelées, en partie pourries. Nous sommes convaincus que les jus de diffusion provenant de betteraves saines et riches en sucre, dont les cellules n'auraient point souffert, se comporteraient bien plus favorablement.

Ce procédé laissait environ 70 pour 100 de résidus utilisables pour l'alimentation. Les bestiaux et les moutons les consommaient volontiers, tant à l'état frais qu'après qu'ils avaient été conservés pendant trois mois. Ces résidus sont beaucoup plus divisibles que les résidus ordinaires des presses, des centrifuges et de la macération.

C'est surtout mélangés avec de la paille hachée qu'ils nous paraissent pouvoir être utilement employés.

Ces résidus ne contenaient plus que des traces de sucre. Ainsi, à cet égard, le procédé Robert donne encore plus que le procédé Walkhoff. L'analyse de leur composition faite suivant les règles suivies à Salzmünde, est la suivante :

	Frais.	Après 10 semaines.
Substance sèche................	5,61 pour 100	6,98 pour 100
Substances protéiques...	0,51	0,47
Sucre.................	traces	0,
Matière extractive......	3,38	3,63
Matière cellulaire.......	1,00 } 5,61.	1,44 } 6,98.
Sels minéraux............	0,31	1,05
Sable + argile...........	0,41	1,34
Valeur par quintal.........	1,7	2,2

(l'avoine valant 1 thaler).

Ces tranches de résidus, tant fraîches que conservées, avaient un aspect appétissant. Si, en raison de l'absence totale de sucre, ces résidus alimentaires ne peuvent pas se comparer aux résidus ordinaires de la presse qui, conservent 5 pour 100 de sucre dans leurs 25 pour 100 de substance sèche, on peut cependant conclure de la pureté relative des résidus de la diffusion qu'ils ne sont pas aussi pauvres en azote que ceux de la presse à quantité égale de substance sèche.

Malgré la grande consommation d'eau qu'exige le nouveau procédé, nous ne pouvons que le recommander vivement au point de vue de l'économie de vapeur, de force et de main-d'œuvre, et enfin de la suppression des draps de presse. Une réunion de fabricants haut placés estime cette économie à 12 florins pour 100 quintaux de betteraves.

Un établissement neuf, avec moteur, machine à tranches, trois batteries de cinq cylindres, tous ses accessoires et les bâtiments, pour un travail journalier de 2500 quintaux de betteraves, en tenant même compte de la chaudière de défécation, peut coûter de 20 à 25 000 florins. Les constructions étant plus simples, les machines offrent moins de complication que dans les fabriques établies d'après l'ancien système, le tout revient à bien meilleur marché pour traiter des quantités égales de betteraves; et nous devons répéter que, par sa simplicité ainsi que par son bon marché et la régularité de la marche, l'ensemble du nouveau système a produit sur nous l'impression la plus favorable.

Il est bien entendu que ces communications ne peuvent servir que d'indication sur le sort qui est réservé à ce procédé, et sur la manière de le mettre à exécution. Si un fabricant voulait l'établir, il lui serait indispensable de se procurer des instructions spéciales de M. Robert ou de ses représentants dans le Zollverein, MM. Riedel et Kemnitz à Halle. D'après ce que nous a dit M. Robert, il demande, pour diriger le commencement du travail, fournir les dessins, etc., etc., la somme que la fabrique qui s'adressera à lui aurait dépensée dans une année seulement pour ses draps ou étoffes de presse.

Nous ne croyons pas devoir terminer ce rapport sans faire à M. Robert tous nos remercîments pour l'accueil amical et l'hospitalité remplie de prévenances que nous avons trouvés chez lui pendant plusieurs jours. Le séjour de Seelowitz a été pour nous plein de charmes et nous a dédommagé amplement de ce que nous avions souffert pendant un voyage effectué par un froid très-vif et au milieu de terribles ouragans de neige.

Salzmünde, le 26 février 1865.

Signé : ZIMMERMANN, Dr GROUVEN.

V

EXPOSÉ SUR LES AVANTAGES DE LA DIFFUSION

POUR

L'EXTRACTION DU JUS SUCRÉ DE LA BETTERAVE

Par BODENBENDER,

chimiste, à Bahreudorf.

THÉORIE DE LA DIFFUSION.

La dernière des méthodes pour l'extraction du jus de la betterave, est celle à laquelle son inventeur, M. Jules Robert, de Seelowitz, a donné le nom de Diffusion. Elle a une telle importance pour l'industrie agricole, qu'il ne me semble pas hors de propos d'attirer l'attention générale sur cet objet, en décrivant brièvement cette méthode et son principe. Cette question présente un intérêt spécial, surtout pour le Brunswick, pays si riche en fabriques de sucre, dont une (Rautheim), a été la première du Zollwerein qui ait appliqué la méthode de diffusion. Cependant, avant de parler de cette méthode comme moyen d'extraction des jus contenus dans les cellules de la betterave, il est nécessaire que je fasse connaître les principes scientifiques sur lesquels elle est basée.

Les mots de diffusion, osmose et dialyse, désignent au fond une seule et même force ; celle en vertu de laquelle des liquides pénètrent dans les pores extrêmement fins des corps. La condition primordiale de l'apparition des phénomènes de la diffusion, est donc l'existence de corps poreux, d'origine soit organique, soit inorganique. Parmi ces corps on compte, par exemple, le caoutchouc, les vessies d'animaux, l'argile crue, le parchemin végétal, les membranes cellulaires des plantes, etc.

Les études intéressantes de Liebig ont les premières expliqué ce qui se passe dans les phénomènes osmotiques. A cet égard, nous extrairons de la physique de Pouillet-Muller, ce qui suit :

« Si l'on met une vessie de bœuf sèche dans différents liquides, elle en accepte des quantités variables, selon la nature du liquide. Ainsi 100 parties en poids de vessie de bœuf sèche admettront en vingt-quatre heures :

> 268 parties en poids d'eau.
> 133 — de sel marin en dissolution (d'une pesanteur spécifique égale à 1 204).
> 38 — d'esprit-de-vin (à 84°).
> 17 — huile d'os.

La puissance d'absorption des membranes animales varie donc considérablement avec la nature du liquide. Plongée dans l'eau, la vessie se gonfle et devient molle ; plongée dans l'alcool, elle reste sèche. De là, ainsi que d'autres expériences, on a conclu la théorie suivante des phénomènes d'osmose : toutes les parois capables de donner naissance à des phénomènes d'osmose, sont traversées par des pores innombrables, d'une finesse extrême, telle qu'elle ne permette pas la transmission d'une pression hydrostatique à travers leurs interstices. Quand une semblable paroi est plongée dans un liquide, il se produit, selon le degré d'attraction moléculaire qui existe entre la membrane et le liquide, une absorption d'une plus ou moins grande quantité de liquide, que la membrane retient. — On peut par la pression expulser peu à peu à travers les pores de la membrane le liquide; c'est-à-dire, faire traverser au liquide par la pression les pores de la membrane. C'est ce que Liebig a prouvé par des expériences capitales. La pression nécessaire pour faire traverser une membrane par un liquide est déterminée par la puissance d'absorption du liquide par la membrane; généralement elle est en raison inverse de cette puissance. Ainsi l'eau s'écoule par une vessie de bœuf sous une pression de 12 pouces de mercure; par une dissolution saturée de sel marin, il faut de 18 à 20 pouces; pour l'huile d'os, 34 pouces; mais une pression de 48 pouces de mercure ne suffit pas à faire sortir l'esprit-de-vin à travers les pores de la vessie.

Si une vessie qui a absorbé un liquide quelconque est mise en contact avec une substance qui exerce à son tour une attraction sur le liquide absorbé, une partie de ce dernier est enlevée à la vessie. Ainsi si l'on remplit de sel marin un tube de verre dont le bas est fermé par une membrane, et si on plonge l'extrémité garnie de la vessie dans un vase plein d'eau, l'eau traversera la membrane et viendra s'ajouter à la dissolution de sel marin; le niveau s'élèvera dans le tube. Ce phénomène persistera jusqu'à ce

que les deux liquides, intérieur et extérieur, aient atteint
le même degré de concentration. Inversement, si le tube
avait contenu de l'eau, et le vase dans lequel il plonge, la
dissolution saline, on aurait vu le niveau baisser dans le
tube. Il ne faudrait pas croire d'ailleurs que l'eau traverse
seule la membrane pour s'unir à la dissolution de sel marin; la dissolution la traverse également; mais en quantité
moindre, c'est par ce dernier motif qu'on observe un dé-
nivellement. Il faut en conclure que quand deux liquides
d'une nature différente se trouvent séparés l'un de l'autre
par une membrane, il se produit un échange entre eux; celui pour lequel la membrane possède une puissance d'absorption plus grande, traverse ses pores plus rapidement
et plus abondamment; le liquide absorbé par la membrane
en quantité moindre traverse les pores plus lentement et
moins abondamment. Ce passage des deux liquides d'un
côté à l'autre, se continuera jusqu'à ce qu'il y ait égalité
d'action des deux côtés.

M. Jolly a déterminé par une série d'expériences
l'intensité de cette force osmotique, et désigné du nom
d'équivalent endosmotique d'une substance donnée le chiffre qui indique le rapport entre le nombre de parties en
poids d'eau, et le nombre de parties en poids de la substance donnée qui traversent une membrane (vessie) dans un
temps donné. M. Jolly a déterminé l'équivalent endosmotique de différentes substances: il a obtenu, par exemple,

Pour le sel marin, le chiffre...................... 4,3
— le sel de glauber...................... 11,6
— le sulfate de potasse...................... 12,0
— l'hydrate de potasse...................... 215,0

Pour l'acide sulfurique...................... 0,39
—   l'alcool............................ 4,2
—   le sucre........................... 7,1

C'est-à-dire que pour une partie de sel marin, il passe 4, 3 parties d'eau ; pour une de sucre 7, 1 d'eau ; en d'autres termes, la puissance de diffusion ou d'osmose du sel marin est plus grande que celle du sucre dans le rapport de 7, 1 à 4, 3.

La température, la concentration plus ou moins grande du liquide, la nature de la paroi poreuse, jouent un rôle considérable dans les phénomènes osmotiques, et apportent des modifications sensibles aux nombres ci-dessus. Comme l'influence de ces circonstances est loin d'avoir été suffisamment étudiée, ces chiffres n'ont qu'une valeur très-relative.

Dans ces derniers temps les intéressantes recherches de M. Graham ont jeté un nouveau jour sur les phénomènes osmotiques. Nous n'avons pas à les exposer ici en détail. Les journaux spéciaux ainsi que les *Annales de chimie et de pharmacie* ont donné à ces travaux toute l'attention qu'ils méritent. Nous avons seulement à faire remarquer que M. Graham, en se fondant sur ses observations, partage les substances chimiques en deux groupes, auxquels il donne les noms de « substances cristalloïdes, » et de « substances colloïdes. » Les premières, remarquables par la tendance de leurs molécules à cristalliser, *dialysent*, c'est-à-dire traversent les pores des membranes avec facilité. Les dernières, dont le représentant principal est la colle animale, n'ont point cette propriété, ou ne l'ont qu'à un degré très-faible. Jusqu'à ce moment, elles n'ont pas été observées sous la forme cristalline. Pour ces expériences, Graham s'est servi de papier parchemin végétal. On le prépare en traitant une feuille de papier non collé, par un liquide formé de parties égales d'eau et d'acide sulfurique (l'acide sulfurique opère la transformation de la cellulose en une substance particulière, nommée amyloïde, qui possède les mêmes qualités que la vessie animale).

Depuis longtemps déjà on a reconnu le grand *rôle* que joue la force osmotique dans les phénomènes physiologiques de la nutrition des animaux et des plantes. On sait que les animaux, comme les plantes, n'admettent et ne transmettent les aliments à leur organisme que par voie dialytique. Du reste il faut ajouter que les expériences les plus récentes donnent lieu de croire qu'il y a là encore en jeu d'autres forces, dont le caractère n'a pas été approfondi.

Après ces considérations générales qu'il m'a paru indispensable de rappeler dès le commencement pour bien faire comprendre ce qui va suivre, je passe à la signification de la diffusion, qui fait servir l'osmose à la fabrication du sucre de betteraves.

Depuis longtemps on a cherché, soit sciemment, soit insciemment, à introduire dans la fabrication du sucre un procédé d'extraction du jus qui est basé en réalité sur l'osmose. Il y a peu de temps que M. G. Reich a traité de ces différents essais au point de vue historique, dans le Journal de l'Association de l'industrie sucrière. L'ignorance des conditions exigées pour que la dialyse se produisît, fit échouer ces premiers essais ; en outre on partait de vues théoriques fausses. Je ne veux point ici entrer dans plus de

détails sur ces tentatives, d'autant plus qu'ils se trouvent
développés dans un journal qui est à la portée de ceux qui,
par leur profession, doivent porter un intérêt spécial à tout
ce qui concerne la fabrication du sucre. De la discussion
de ces procédés, il résulte avec évidence qu'une théorie
à priori a toujours une influence très-préjudiciable sur les
développements d'une industrie, alors même qu'elle paraît
reposer sur des bases scientifiques; on comprend en même
temps l'importance prépondérante des expériences pratiques.

Comme je l'ai déjà dit, les membranes cellulaires des
plantes suivent les mêmes lois que les autres substances capables de se prêter à la dyalise ou diffusion. La paroi cellulaire est pourvue d'une multitude de cellules infiniment
rapprochées, si excessivement fines, que la pression hydrostatique ne peut pas se transmettre à travers leur substance,
et qui cependant servent d'intermédiaire à l'exercice de la
diffusion. Dans l'intérieur des cellules se trouvent des substances cristalloïdes, et colloïdes; les premières se composent
de sucre et de sels; les secondes de gommes, de substances protéiques et pectiques, pectine, pectose, etc. Jusqu'à
présent on ne sait rien de certain sur l'équivalent endosmotique des sels contenus dans les cellules de betteraves; on
ne connaît pas même leur nature. C'est pourquoi l'opinion
que le jus obtenu par diffusion serait plus riche en sels que
celui obtenu par les autres méthodes, me paraît au moins
très-hasardée : dans tous les cas, elle ne s'appuie sur aucune base. Il semblerait au contraire que la proportion de
sels contenus dans les jus de la dffusion, est moindre que
celle des jus obtenus par d'autres méthodes; en tout cas elle

ne paraît pas être plus grande, c'est du moins ce qui résulte des expériences que je citerai plus loin. Si d'ailleurs on réfléchit qu'il est bien peu de sels dont on connaisse actuellement l'équivalent ; que de plus on ne connaît même pas encore avec exactitude la nature des acides, qui entrent dans la constitution de ces sels, on ne refusera pas d'avouer que tous les prétendus éclaircissements théoriques de la manière dont se comportent les sels contenus dans le jus de betteraves diffusé, sont de pures hypothèses, et resteront telles tant qu'elles n'auront pas été confirmées ou réfutées par l'expérience. La quantité de subtances pectiques existante dans le jus de la betterave est très-variable. Jusqu'ici leur nature n'a pas été bien déterminée. Les études microscopiques très-intéressantes de M. Wiesner sur la betterave, rendent cependant très-vraisemblable que les corps pectineux contenus dans le suc cellulaire proviennent de la pectose qui constitue la substance intercellulaire. — A côté des substances protéiques solubles, il en apparaît d'autres, sous la forme insoluble, telles que le cyloblaste, et le protoplasma qui tapisse les parois cellulaires internes. Toutes les substances protéiques sont azotées. — Entre les cellules contiguës, on trouve la substance intercellulaire, dont l'élément principal, d'après les recherches de MM. Vogl et Wiesner, est de la pectose provenant de la pellicule cellulaire par voie de transformation. La substance intercellulaire sert de ciment, rattachant les cellules les unes aux autres, et les empêchant de se séparer.

DES JUS OBTENUS PAR LA MÉTHODE DE DIFFUSION.

Après avoir expliqué ce que l'on entend par diffusion, et montré son importance pour la fabrication du sucre, nous allons étudier d'un peu plus près les jus de betterave obtenus par diffusion.

On sait que dans les procédés d'extraction par la presse, par la macération, par les turbines centrifuges, on commence par réduire les betteraves en une pulpe ou bouillie très-fine au moyen de la râpe. Le jus mis à nu s'obtient ensuite par la pression, la macération ou le turbinage. La râpe déchire ou écrase une grande quantité de cellules ; il en résulte un mélange du contenu du jus des cellules avec la substance intercellulaire. Cette substance intercellulaire, sous l'action des acides du jus, unie à celle de la pectose (qui paraît agir comme ferment), est transformée en substances pectineuses solubles (pectine, acide pectique et autres), qui rendent le jus impur. En outre, ces procédés d'extraction introduisent dans le jus, d'une manière plus ou moins complète, selon la méthode employée, les substances protéiques, ainsi que la gomme. Les jus les plus impurs sont produits par la macération de Schutzenbach, et la double pression avec second râpage. Il y a aussi de nombreux inconvénients dans la macération des betteraves séchées, où l'on emploie l'eau chaude pure ou étendue de chaux ou d'acide sulfurique. Il se produit toujours un gonflement de la substance intercellulaire, et par là un obstacle à la sortie du sucre dissous ou jus sucré ; d'un autre côté la pectose insoluble se change par métamorphose en corps pectineux solubles.

La nouvelle méthode d'extraction du jus, à laquelle M. Jules Robert, de Seelowitz, son inventeur, a donné le nom de diffusion, paraît exempte de ces inconvénients. Des recherches, aujourd'hui publiées, et qui reposent sur des observations microscopiques ou chimiques, il résulte avec certitude que les jus obtenus par cette méthode sont de beaucoup supérieurs pour la pureté à ceux que peuvent donner tous les autres procédés.

Les caractères distinctifs ou essentiels de cette méthode sont les suivants :

1° Les betteraves ne sont pas réduites en bouillie ; mais un coupe-racine, d'une disposition très-ingénieuse, les divise en tranches d'une structure lamelleuse, et d'une épaisseur de 2 à 3 millimètres.

2° Ces tranches sont épuisées systématiquement par de l'eau dans des vases dits de diffusion. Le sucre contenu dans les betteraves est ainsi extrait aussi complétement que par toute autre méthode.

3° La diffusion a toujours lieu à la température de 40°, qui est la plus favorable aux phénomènes osmotiques. En maintenant cette température pendant toute la durée du travail, on est assuré de réussir.

4° Cette température de 40° n'agit pas sur la pectose de la substance intercellulaire, de façon à en déterminer le gonflement qui serait un obstacle à la sortie de la solution sucrée. La transformation de la pectose en substance pectineuse soluble n'a lieu qu'à un très-faible degré, parce qu'elle n'entre en contact avec le contenu des cellules que là où elles ont été coupées.

5° La valeur des résidus au point de vue de l'alimentation est plus élevée que pour les résidus obtenus par les autres méthodes, parce que les substances protéiques qui, comme l'on sait, jouent un rôle très-considérable dans la production de la viande à cause de l'azote qu'elles contiennent, n'entrent que pour une très-faible partie dans le jus, et doivent rester par conséquent dans les tranches en quantité relativement plus grande.

6° Les jus obtenus sont plus purs que ceux obtenus par les méthodes maintenant en usage. Ils ne contiennent pas plus de sels que les jus extraits par la pression simple, et beaucoup moins que les jus produits par macération. De même, ils contiennent considérablement moins de matières extractives (matières organiques non sucrées). Cette dernière particularité sera facilement comprise, si l'on songe que les substances désignées sous cette dénomination collective, les gommes, les substances protéiques et autres colloïdes, sont dépourvues de la faculté de se diffuser. Leur quantité absolue dépend du nombre de cellules déchirées, broyées et coupées. Or, comme il entre plus de 1 500 000 cellules dans 1 pouce cube de betteraves, et que les tranches ont une épaisseur de 2 à 3 millimètres (0,077 à 0,115 pouce), on voit que la quantité des cellules coupées est insignifiante en regard de celles restées intactes, ce qui est aussi démontré d'ailleurs par les recherches microscopiques de M. le docteur de Wiesner.

Je donne plus bas quelques analyses des jus de diffusion

comparées à celles des jus de presse. Les jus analyses étaient ceux de la fabrique de Rautheim, qui travaille, comme on sait, d'après les deux méthodes. On a eu égard autant que possible à ce qu'ils provinssent de betteraves de qualité identique. Les nombres obtenus peuvent donc être considérés comme une expression en quelque sorte exacte des différences existantes entre les jus de presse et de diffusion.

I. — JUS DE PRESSE.

PRIS D'UNE PRESSE AU COMMENCEMENT, À LA FIN ET AU MILIEU DE LA PRESSION.

Sucre de canne..............	6,523 pour 100
Cendre...................	0,398 —
Sucre interverti ($C_{12} H_{12} O_{12}$)..	1,132 —
Matière extractive..........	1,384 —
Substances sèches.	9,437 pour 100

Après déduction des substances amenées dans le jus par l'eau employée au râpage[1], il reste sur 100 parties de sucre,

Cendres...................	5,933 parties
Matières extractives........	21,200 —
Matière non sucrée....	27,133 parties

(non compris le sucre interverti).

1. L'eau employée à la compression était autrement composée que celle employée à la diffusion. Il a fallu avoir égard à cette différence dans le calcul des corps autres que les sucres, contenus dans les jus.

II. — JUS DE LA DIFFUSION.

(3 ÉCHANTILLONS a, b ET c.)

	POUR CENT		
	a	**b**	**c**
Sucre de canne............	9,333	9,430	9,853
Cendre.................	0,626	0,584	0,550
Sucre interverti............	0,376,4	0,264	0,114
Matière extractive........	1,3866	1,254	1,349
Substances sèches...........	11,722	11,532	11,866

En tenant compte des éléments fixes de l'eau employée à la diffusion, il reste sur 100 parties de sucre :

	PARTIES		
	a	**b**	**c**
Cendres....................	4,551	6,03	5,44
Matière extractive........	14,811	13,25	1,366
Matière non sucrée........	21,3622	19,28	19,09

autres que le sucre (non compris le sucre interverti).

De ces recherches faites avec une grande précision, il résulte que le jus de la presse contient 52,5 pour 100 de substances organiques non sucrées (matières extractives) de plus que le jus de la diffusion (en prenant la moyenne, 13,9, des trois chiffres obtenus pour le jus de diffusion, on a :

$$13,9 : 21,2 :: 100 : x, \text{ soit } x = 152,5 \text{ et } 152,5 - 100 = 52,5).$$

Comme ce sont les substances azotées qui se mêlent en moindre quantité au jus de diffusion, on n'aurait point à lutter dans les opérations subséquentes, défécation, cuisson, etc., contre les inconvénients qui se font sentir avec le jus de la presse. Quant à la proportion de sels, elle est presque la même dans les sucs obtenus par l'un ou par l'autre procédé; le chiffre moyen pour les jus de diffusion est de 6 pour 100 de sucre, et pour la même quantité de sucre, avec le jus de presse, il est de 6,08 (voir les analyses ci-dessus).

Au point de vue de la concentration, le jus de diffusion ne le cède pas au jus de presse, et l'emporte même dans la plupart des cas, comme il résulte des chiffres ci-dessus. Les jus extraits par la force centrifuge ou le turbinage sont considérablement plus dilués.

Nous ajouterons encore ici que les résultats des recherches faites ailleurs sont conformes à ceux qui ont été donnés ci-dessus. Ainsi, dans le Journal de l'Association de l'industrie sucrière, vol. XV, page 221, on trouve un mémoire du docteur Weiler sur des expériences de laboratoire. Un certain nombre de betteraves furent coupées en deux, selon la longueur, et on a analysé les jus obtenus de ces deux moitiés, traitées l'une par la compression de la bouillie de betteraves râpées, et l'autre par la dialyse des tranches des betteraves.

A. — JUS DE PRESSE.

Sucre......................	11,250 pour 100
Cendre.....................	0,603 —
Matière extractive.........	2,083 —
Substances sèches..........	13,936 pour 100

< center >— 45 —

B. — JUS DE DIFFUSION.

Sucre...................... 8,410 pour 100
Cendre.................... 0,449 —
Matière extractive........... 1,377 —
____
Substances sèches........... 10,236 pour 100

Par conséquent sur 100 parties de sucre, il y a :

A. — JUS DE PRESSE.

Cendres................... 5,36 parties
Matières extractives......... 18,516 —
____
Matières non sucrées......... 23,87,6 parties

B. JUS DE DIFFUSION.

Cendres................... 5,339 parties
Matières extractives......... 16,373 —
____
Matières non sucrées......... 21,712 parties

A. JUS DE PRESSE.

Sucre...................... 12,410 pour 100
Sels de potasse et de soude.... 0,458
Sels de chaux et de magnésie... 0,187 —
Substances protéiques......... 1,418 —
Substances non azotées........ 1,048 —
____
Substances sèches........... 15,521 pour 100

B. — JUS DE DIFFUSION.

Sucre......................	11,580 pour 100
Sels de soude et de potasse. ..	0,441 —
Sels de chaux et de magnésie...	0,191 —
Substances protéiques........ ...	0,791 —
Substances non azotées........	0,883 —
Substances sèches...:.........	13,886 pour 100

Il y a donc sur 100 parties de sucre.

A. — JUS DE PRESSE.

Sels de soude et de potasse......	3,690 parties
Sels de chaux et de magnésie.....	1,507 —
Substances protéiques............	11,426 —
Substances non azotées..........	8,445 —
Matière non sucrée............	25,068 parties

B. — JUS DE DIFFUSION.

Sels de potasse et de soude........	3,808 parties
Sels de chaux et de magnésie....	1,649 —
Substances protéiques	6,830 —
Substances non azotées.........	8,488 —
Matière non sucrée............	20,775 parties

De la deuxième analyse, il ressort ce résultat important que le jus de diffusion contient beaucoup moins de matières azotées que le jus de presse (dans le rapport de 1 à 1,67); la conséquence en est que les résidus de la méthode de diffusion doivent relativement contenir plus d'azote que ceux provenant du procédé de la presse ; par suite, ils doivent avoir une valeur nutritive plus considérable. Je vais examiner ce côté de la question dans ce qui va suivre.

DU TITRE EN SUCRE ET DE LA VALEUR AU POINT DE VUE DE L'ALIMENTATION DES RÉSIDUS DES BETTERAVES TRAITÉES PAR DIFFUSION.

Ayant examiné les jus de betterave obtenus par la méthode de la diffusion, nous allons étudier les pertes qu'entraîne le nouveau procédé, et indiquer l'importance, comme aliment, des tranches diffusées.

L'avantage essentiel des méthodes dialytiques sur les autres, consiste moins dans la pureté plus grande de leur jus que dans leur rendement plus grand en sucre, à égalité de pureté des jus ; car aucun, parmi les procédés connus, ne présente une perte de sucre aussi faible.

Le goût ne peut pas faire découvrir de trace de sucre dans les résidus de la diffusion ; le polarimètre lui-même est impuissant à le doser exactement. Nous allons plus loin donner l'explication de ce fait. Les analyses faites jusqu'ici d'après les principes scientifiques les plus exacts, ont montré que dans 100 parties de tranches prises au moment où elles quittent les vases de diffusion, il existe de 0,1 à 0,15 pour 100 de sucre. Or, comme 100 parties de betteraves donnent 70 parties de tranches contenant de 92 à 95 pour 100 d'eau, la perte en sucre par la diffusion est de 0,07 à 0,105 pour 100 du poids des betteraves. Si on compare cette perte à celles des autres méthodes d'extraction des jus, il est certain que le seul avantage d'un rendement en sucre plus élevé devra suffire largement à assurer au procédé osmotique le premier rang sur tous les autres. Soumise à la pression simple, la betterave râpée avec 40 pour 100 d'eau, donne une pulpe entraînant une perte en sucre de 0,9 à 1,3, et plus, pour 100 du poids de la betterave. Par le malaxage fait avec la machine Schlickeysen et la pression réitérée, la perte est de 0,5 ; par la turbine, en employant de 75 à 85 pour 100 d'eau d'entraînement, la perte atteint 0,75 pour 100. Les seules méthodes qui puissent lutter avec le procédé osmotique pour la faiblesse du titre en sucre des résidus, sont la macération de Schtuzenbach et celle de Walkhoff. Les inconvénients de ces deux dernières méthodes, qui consistent surtout dans la qualité très inférieure des jus, rendent du reste illusoire l'avantage d'un rendement plus élevé en sucre.

Outre la perte du sucre emporté par les tranches diffusées, il en est une autre, c'est le sucre que l'on rencontre dans l'eau en excès des diffuseurs. Malheureusement je n'ai à ma disposition sur ce point qu'une seule analyse, la mienne. Avec un excellent saccharimètre Ventzke-Soleil, il me fut impossible de découvrir du sucre dans cette eau. L'essai par le cuivre indiquait 0,1 pour 100. Or, comme pour 100 parties de betteraves, on obtient 150 parties d'eau excédante, la perte en sucre, due à cette cause, serait égale à 0,15 pour 100 du poids de la betterave. Mais pour arriver à une conclusion définitive, il faudrait d'autres observations.

Il est évident que toute méthode qui permet d'extraire le maximum de sucre contenu dans les betteraves, mérite au plus haut degré l'attention de tous les industriels. Les efforts faits dans cette direction sont très-variés, et certainement il n'y a aucune partie de la fabrication du sucre qui ait été l'objet d'autant d'essais que l'extraction du jus; il n'en est pas où l'on compte un plus grand nombre d'inventeurs. La plupart des méthodes saluées avec le plus de faveur ont disparu au bout de peu de temps, ou n'ont pénétré que dans de rares établissements. Leur écueil à toutes a été la mauvaise qualité des jus obtenus. — En se guidant sur l'analyse chimique, on aurait certainement pu s'épargner bien des travaux pénibles, bien des espérances déçues; malheureusement, on n'a eu recours à la chimie qu'après avoir vu échouer l'expérience en grand, dans la fabrique. La nouvelle méthode de la diffusion est exempte de ce péché originel; c'est pourquoi elle mérite toute la considération de ceux qui ne rejettent pas *à priori* tout ce qui est neuf. Elle est fille de la science, et, grâce à elle, les lois de la diffusion, qui n'intéressaient encore que les physiologistes et les chimistes, ont acquis une application générale. Ce fait vient montrer une fois de plus l'importance des études scientifiques dans le domaine de l'industrie, comment des analyses exactes peuvent contribuer à ses progrès, et combien est erronée l'opinion des personnes si nombreuses qui s'imaginent que les travaux purement scientifiques sont sans aucun avantage pour les progrès de l'industrie, parce que leurs résultats semblent s'éloigner un peu du grand chemin de la pratique. Par malheur, l'industrie du sucre favorise trop cette dangereuse opinion; et pourtant, qui peut dire que dans quelques années le sentier étroit ne deviendra pas la grande route!

La considération de la valeur des résidus de diffusion, considérés comme aliments, nous fait arriver à une question sur laquelle de nombreux débats se sont déjà engagés. Il me semble pourtant qu'on oublie trop que dans l'industrie du sucre, c'est le rendement qui doit entrer en première ligne, et que l'emploi des résidus qui ne sont qu'un produit accessoire (ou plutôt un débarras) ne doit venir qu'en seconde ligne.

Il est certain que, comparés aux résidus obtenus par d'autres méthodes, les tranches diffusées sont plus hydratées; l'eau qu'elles contiennent varie, comme je l'ai déjà dit, entre 92 et 95 pour 100; une partie de cette eau s'écoule naturellement pendant le transport, et dans les lieux où on les dépose, en sorte que l'aspect des tranches est analogue à celui de betteraves fraîchement coupées. Il résulte nécessairement du chiffre élevé de l'eau en excès que la valeur nutritive absolue des résidus de la diffusion doit être moindre que celle des résidus qui proviennen du traitement par la presse, la force centrifuge, etc.; je veux dire qu'un quintal de résidus de diffusion ne peut pas contenir la même quantité d'aliment qu'un quintal des autres pulpes. Mais, d'un autre côté, les résidus de diffusion l'emportent sur les autres par leur titre plus élevé en substnces azotées, celles qui contribuent à la production de la viande (à quantité égale de substances sèches); les résidus de toutes les autres méthodes d'extraction du jus en ont moins; d'où il résulte que la valeur relative des premiers, par rapport à ces derniers, est supérieure dans la plupart des cas. Ce ne sont que les résidus de l'ancienne pression simple qui donnent un chiffre un peu plus élevé;

— 51 —

mais cela tient surtout à leur titre en sucre, dont la quantité est plus grande.

Ces faits sont établis dans le résumé suivant fait sous forme de tableau. Pour faciliter la comparaison, j'ai admis que les résidus provenant des différentes méthodes d'extraction du jus contenaient la même quantité d'eau.

	I		II	III	IV	V	
	RÉSIDUS DE MACÉRATION.				PRESSION simple ancienne	RÉSIDUS de diffusion.	
	Méthode Walkhoff (Schwittersdof).		Méthode Schutzenbach (Halle)	Methode Schlickeysen (Salz-münde).	(Salz-münde).	Seeloviez	Rautheim
NOMS des chimistes.	Scheibler	(3 analyses) Grouven.	Scheibler	(3 analyses) Grouven.	Grouven.	Weiler.	Boden-bender.
Eau............	76,03	76,03	76,03	76,03	76,03	76,03	76,03
Sucre...........	0,45	0,29	1,13	2,29	4,39	0,26	0,52
Combinaisons protéiques.....	1,47	1,62	1,42	1,50	1,49	2,82	2,47
Matière extractive non azotée	13,81	14,96	15,20	14,46	12,51	13,64	13,77
Sels des cendres.	1,19	1,21	1,13	1,29	1,55	1,52	1,46
Sable et argile..	1,04	1,14	0,15	0,96	0,95	0,50	2,25
Fibre ligneuse..	6,01	4,75	4,94	3,47	3,08	5,23	3,50
	100,00	100,00	100,00	100,00	100,00	100,00	100,00

En se basant sur les chiffres indiqués plus loin, la valeur de 100 quintaux de ces résidus considérés comme aliments serait de :

646 sgr.	685 sgr.	703 sgr.	768 sgr.	848 sgr.	811 sgr.	784 sgr.

Les analyses I à IV sont extraites du rapport de la commission chargée d'examiner le procédé Walkhoff ; celles du jus de diffusion de la fabrique de Seelowitz, sont empruntées au rapport de M. le docteur Weiler. A l'égard de ces dernières, il faut remarquer qu'elles portent sur des résidus ayant séjourné quatre mois dans les fosses, ce qui explique la faiblesse de leur titre en sucre. — Nous regrettons de ne pas pouvoir indiquer la valeur des résidus provenant du procédé centrifuge ; nous n'avons pas reçu les données nécessaires.

Les chiffres qui ont servi de base au calcul de la valeur nutritive des résidus et qui proviennent du rapport de la commission Walkhoff sont :

1 livre de sucre de.	6 pf.
1 — de matière extractive	3 —
1 — combinaisons protéiques	13 —
1 — sels. . , ...	12 —

Il en résulte que la valeur relative des résidus de presse, un peu plus élevée que celle des résidus de la méthode osmotique, tient uniquement à leur titre plus élevé en sucre ; si on le réduisait à 0,5 pour 100, la valeur alimentaire des résidus de presse pour 100 quintaux, se réduirait à 654 sgr. et par conséquent serait de 157 à 130 sgr. moindre qu'un poids égal de résidus de la diffusion.

Comme la valeur totale des résidus s'obtient avec exactitude, en considérant la quantité provenant de 100 parties en poids de betteraves, je donne plus loin l'ensemble des nombres qui ont été calculés d'après les résultats de l'exploitation, en tenant compte du titre effectif en eau des divers résidus (résidus de presse, tranches diffusées, etc.).

Avec l'ancien procédé de pression simple, les résidus de 100 quintaux de betteraves, valent.................... 192 sgr.
Avec la macération Schlickeysen.............. 155 —
   —   Walkhoff.................. 100 —
   —   diffusion.................. 166 et 160

La valeur d'un quintal de résidus s'élève pour :

    L'ancienne pression simple, à.......... 8,7 sgr.
    La macération Schlickeysen.......... 7,2 —
        —   Walkhoff............ 6,6 —
        —   Schutzenbach......... 7,0 —
    La diffusion..................... 2,4 et 2,3

Il est indubitable que les résidus de la diffusion sont consommés par le bétail, aussi volontiers que ceux de la presse et des autres procédés, et cela d'autant mieux qu'on y ajoute un peu de paille hachée, etc. Leur forme est appétissante, elle conserve mieux le type de la nourriture par les racines que celle des résidus de la presse comprimés.

VI

RÉSULTATS DE FABRICATION

D'APRÈS LE PROCÉDÉ DE DIFFUSION, OBTENUS EN DÉCEMBRE 1865 ET JANVIER 1866 A L'USINE DE WEGERSLEBEN PRÈS BRUNSWICK.

Les principes sur lesquels ce nouveau procédé est fondé sont connus (voir les n^{os} de ce journal et l'article précédent); la manière de procéder en pratique est la suivante : Les betteraves étant découpées en lamelles minces, on en remplit de grands cylindres verticaux qui peuvent en recevoir jusqu'à plus de 40 quintaux chacun, et on ajoute en même temps, et peu à peu, de l'eau chauffée pour aider l'extraction. L'air est exclus. Après une digestion d'une demi-heure environ, on déplace le jus ainsi formé par de l'eau fournie par un bassin supérieur; on réchauffe ce jus et on le met en contact une seconde fois avec des lamelles nouvelles. On continue ainsi jusqu'à ce que le jus marque la concentration voulue, et alors on le fait passer à la défécation. Les lamelles, une fois le jus extrait par l'eau chaude, sont traitées par l'eau froide aussi longtemps qu'il est nécessaire pour que l'eau restée dans les tranches ait perdu toute saveur. Le jus dilué qui en provient est concentré par son emploi à l'extraction d'autres lamelles. L'appareil est composé d'un nombre convenable de cylindres, arrangés de façon à rendre la marche de l'opération systématique et continue pour obtenir d'une part le jus d'une concentration toujours égale, de l'autre comme résidu de la diffusion des lamelles parfaitement dépourvues de sucre.

Les avantages de ce procédé sont les suivants :

1° L'obtention d'un jus de défécation plus pur.

2° L'obtention d'un aliment pour bestiaux de plus haute valeur nutritive. Il est vrai que les résidus contiennent plus d'eau que ceux des autres procédés, mais pour la même quantité de substance sèche, ils possèdent une plus forte proportion de substances alimentaires. On obtient environ 70 pour 100 du poids des betteraves en résidus.

3° On peut extraire le sucre, si l'on veut, jusqu'à la dernière trace, cependant on préfère en laisser une certaine proportion dans les résidus, parce que les produits de la fermentation du sucre concourent à la meilleure conservation des résidus. Ceux-ci contiennent ordinairement de 0,001 à 0,002 de sucre, ce qui correspond à une perte de sucre de 0,0007 à 0,0015 du poids des betteraves, tandis que le procédé des presses en fait perdre 0,01, celui des centrifuges 0,008, et celui de la double pression 0,004.

4° Économie de force et partant de combustible.

5° Économie de sacs à pression.

6° Économie de main-d'œuvre. Le travail de 1800 quintaux (à 50 kil.) exige pour le travail des presses environ 35 hommes, tandis que le travail de diffusion n'en demande que 18-19, ce qui constitue une économie d'environ 47 pour 100.

7° Concentration plus élevée du jus à déféquer. Tandis que les presses fournissent du jus à 8-10 degrés, la diffusion le donne à 11 -13°.

Le rendement obtenu, masse-cuite, premiers produits, dans la fabrique de Wegersleben surpasse celui des autres fabriques environnantes, travaillant avec presses ou turbines, de 0,4 à 1,5 pour 100 du poids des betteraves, et on peut en conclure que bien certainement l'extraction complète du jus avait eu lieu. La masse-cuite donne 3/5 en premier produit, ce qui en démontre la bonne qualité.

On a obtenu dans la semaine du 27 au 31 décembre, les quantités suivantes de produit à la première cuite :

A *Vegersleben* 13-6 pour 100 de poids des racines, tandis que les fabriques suivantes ont donné :

Dedeleben........... 12,4 pour 100
Hotensleben... ... 12,6 —
Offleben................ 12,1 —

De même, les quantités de sucre obtenuès dans la semaine du 1er au 6 janvier.

Wegersleben...... 13,1 pour 100.
Dedeleben .... 12,1 —
Hotensleben......... 12,5 —
Offleben............ 12,7 —

Et dans la semaine du 6 au 13 janvier :

Wegersleben...... 12,95 pour 100.
Hotensleben....... 12,5 —
Offleben.......... 12,2 —

(La rédaction du journal allemand ajoute avec raison à

ce rapport intéressant la remarque suivante : Il est grandement à regretter que l'auteur de cette communication n'ait point donné les nombres moyens représentant la richesse sucrière des betteraves travaillées dans les différentes fabriques et d'après les différentes méthodes.)

Voici encore quelques données sur la composition des résidus, que nous empruntons à une note de M. le docteur Seyfert dans le journal cité ci-dessus :

Les résidus obtenus par la diffusion dans l'usine de Rautheim accusent entre 0,0001 et 0,0131 de sucre. Il est hors de doute qu'un travail régulier et bien dirigé produirait une extraction très-complète.

L'analyse des résidus a été faite dans trois épreuves qui ont donné respectivement 0,0131, 0,02 et 0,00 de sucre. Sur 100 parties on a trouvé :

	Betteraves travaillées.	Résidus des presses.	Résidus de la diffusion		
			a.	b.	c.
Matière sèche (à 110°)	18,41	35,52	9,21	6,935	6,385
Sels minéraux	1,13	4,00	0,79	0,756	0,833
Azote	0,23	0,38	0,12	0,086	0,077
Sucre	12,38	2,88	1,31	0,200	0,010

En supposant que le travail des presses fournisse 18 pour 100 et celui de la diffusion 75 ou 70 pour 100 de résidus, ceux-ci contiennent pour 100 parties de racines :

	Résidus des presses.	Résidus de la diffusion.	
		a. 75 pour 100.	b. 70 pour 100.
Matière sèche	6,393 pour 100.	6,907 pour 100.	4,786 pour 100.
Sels minéraux	0,720 —	0,592 —	0,500 —
Azote	0,068 —	0,090 —	0,080 —

Les deux espèces de sucre accusèrent, dans 100 centimètres cubes :

	Presses.	Diffusion.
Matière sèche....	9,520	9,810
Sucre............	7,500	8,010
Azote	0,105	0,105
Sels	0,520	0,520

Le jus de la diffusion contient donc une plus forte proportion d'azote et de sels minéraux ; cependant il ne faut pas oublier qu'il contient aussi 1/2 pour 100 de sucre en plus que celui des presses.

VII

NOTE

SUR LE PROCÉDÉ DE DIFFUSION ROBERT

Par M. AHRENS,

à Czakowitz (près Prague).

La fabrique de Czakowitz se compose de deux usines égales et complétement montées, mais séparées entièrement. Jusqu'ici toutes les deux travaillaient d'après la même méthode, la méthode de double pression avec l'écraseur macérateur pour les pulpes de première pression. En été 1865 l'une des usines jumelles fut montée d'après le système de la diffusion Robert, tandis que l'arrangement de l'autre fut laissé intact. La campagne 1866-67 présenta ainsi une occasion singulièrement favorable à la comparaison exacte de ces deux procédés et à l'appréciation raisonnée de la diffusion; la plus grande attention fut apportée à ce que les racines travaillées simultanément dans les deux usines fussent provenues des mêmes champs.

Le nouvel outillage a rempli toutes les exigences, et les

appareils ont travaillé d'une manière si satisfaisante, qu'il n'y a lieu d'y apporter aucun changement.

La méthode nouvelle se recommande surtout par l'économie très-essentielle et très-sensible de main-d'œuvre.

Pour la même quantité de racines à travailler, l'extraction par diffusion exige 18 hommes, 1 garçon et une fille, soit en tout 18 personnes pour 12 heures, tandis que celle par les presses en demande 55, 20 hommes, 9 garçons et 26 filles. Il va sans dire que les phases snbséquentes de la fabrication sont identiques pour les deux méthodes.

Le coût de la main-d'œuvre pour l'extraction du jus est de 4,583 kreuzer ou 11 pfennigs par quintal pour le travail des presses, et 1,2 kreuzer ou 2,8 pfennigs pour le travail par diffusion.

L'usure des appareils de diffusion est insignifiante; il n'y a plus ni claies, ni sacs, ni corps de pompes, ni lames de râpes, ni réparation de toutes les machines si complexes de la râperie et des presses.

Les jus obtenus par diffusion étaient plus dilués de 1/9 en comparaison avec ceux de la pression double. Par conséquent le volume des jus arrivant à la défécation était d'autant plus grand. Mais comme les jus de diffusion sont déjà élevés à la température de 50°, leur volume peut être réduit de 7 à 4.

Les analyses de M. le docteur Weiler, exécutées en février, donnaient les nombres suivants :

Jus de la double pression :

Poids spécifique.........	1,054	
Sucre...................	10,160 pour 100.	
Sels de soude et de potasse	0,310	0.483 pour 100.
Silice, sels de chaux, etc.	0,173	
Matières organiques	1,325	
Total.........	11,966 pour 100.	

Donc pour 100 parties de sucre :

Matières minérales	4,756 pour 100.
Matières organiques étrangères ...	13,025
	17,777

Jus de la diffusion :

Poids spécifique.........	1,019	
Sucre...................	8,500 pour 100.	
Sels de soude et de potasse	0,295	0,408 pour 100.
Silice, sels de chaux, etc.	0,113	
Matières organiques......	0,983	
Total........	9,891 pour 100.	

Donc pour 100 parties de sucre :

Matières minérales.............	4,798 pour 100.
Matières organiques étrangères ...	11,529
Total...............	16,329

Les betteraves de provenance identique ont donc donné par diffusion des jus quelque peu plus riches en sels minéraux, mais beaucoup moins en matières organiques étrangères que par la pression.

Voici d'après le même chimiste les analyses des masses

cuites, premiers produits, obtenus par les deux procédés.

Pression double :

Sucre................................	81,500 pour 100.
Sels de potasse et de soude........	2,642
Autres matières inorganiques, cendres.	0,701
Substances organiques.............	4,560
Eau...............................	10,597
Total....................	100,000 pour 100.

Pour 100 parties de sucre.

Sels minéraux....................	4,105 pour 100.
Matières organiques.............	4,577
Total des matières étrangères	9,682

Diffusion :

Sucre................................	81,750 pour 100.
Sels de potasse et de soude.........	2,648
Autres matières inorganiques, cendre.	0,859
Substances organiques.............	4,748
	100,000

Pour 100 parties de sucre.

Sels minéraux....................	4,098
Matières organiques.............	5,808
Total des matières étrangères	9,906

Ces différences sont insignifiantes et facilement justifiables par la différence fortuite qui a pu exister entre les noirs, etc.

Les deux fabriques étant montées pour la fabrication de sucre en pains, on a pu facilement constater les qualités respectives des produits pendant la fabrication ultérieure et surtout pendant le clairçage des pains. A cet égard aucune différence ne s'est manifestée, si ne n'est que le clairçage des pains provenant de la diffusion a été un peu plus facile vers la fin de la campagne, que celui des produits des presses.

L'eau découlant des cylindres de diffusion après l'épuisement, contenait de 0,10 à 0,16 pour cent de sucre.

Il n'y a aucune raison de croire qu'il y ait lieu, pendant le séjour des solutions diluées dans l'appareil de diffusion, à quelque décomposition du sucre, témoin la bonne qualité des produits, constatée pendant tout le cours de la fabrication ; au contraire nous croyons devoir attribuer à ces jus des qualités supérieures, parce qu'ils ne sont point en contact avec des foyers de fermentation, comme le sont les jus des presses dans les sacs de laine, etc.

100 parties de racines ont donné 73 parties de résidus, que nous avons pu facilement réduire à 32 parties en poids au moyen d'une simple presse à vis.

Ces résidus, tels qu'il proviennent des cylindres diffuseurs, ensilés dans des fosses à fond non pavé, perdent une grande quantité d'eau. Nous avons trouvé que le meilleur mélange pour nourriture des bestiaux était alors celui de 5/6 de ces résidus ensilés et de 1/6 de pulpes de presses fermentées. Nous en avons donné par bœuf et par jour 25 livres avec 20 livres de feuilles de betteraves fermentées, 6 livres de paille hachée et 2 livres de tourteaux.

Pour l'engraissement, les bœufs reçoivent par jour :
Le premier mois : 57 livres du mélange des résidus, 15

livres de feuilles, 8 livres de paille, 2 livres de tourteaux, 5 livres de *blé égrugé*, 1/4 livre de farine de blé.

Le deuxième mois : 64 livres du mélange, 15 livres de feuilles, 6 livres de paille, 2 livres de tourteaux, 5 livres de blé, 1/4 livre de farine.

Le troisième mois : 59 livres du mélange, 10 livres de feuilles, 6 livres de paille, 2 livres de tourteaux, 6 livres de blé, 1/4 livre de farine.

Le quatrième mois : 54 livres du mélange, 10 livres de feuilles, 4 livres de paille, 2 livres de tourteaux, 6 livres de blé, 1/4 livre de farine, 3 livres de foin.

La diffusion présente pour beaucoup de fabriques le désavantage de nécessiter l'emploi d'une très-grande quantité d'eau, qui se calcule à 1 1/2 kil. d'eau pour 1 kilo de betteraves. Cette eau, bien entendu, n'entre point dans la fabrication, la majeure partie s'en perd par les fuites des cylindres d'épuisement.

Pour les fabriques, cependant, qui ont de l'eau en abondance, le nouveau procédé est supérieur à tous les autres. Nous avons constaté, par des appréciations exactes et faites en grand, que, comparé à la double pression avec malaxage de la pulpe, il donne un pour cent de plus en produit première cuite, avantage qui à lui seul constituerait la supériorité que nous venons d'assigner à cette méthode d'extraction.

VIII

EXPÉRIENCES SUR LA VALEUR COMPARÉE

DES RÉSIDUS DE LA DIFFUSION ET DE CEUX DE LA PRESSE, AU POINT DE VUE DE L'ALIMENTATION.

Par M. KUCKEN et SCHMIDT.

Le laboratoire de chimie expérimentale agricole de Brunswick a fait de cette question le sujet de ses expériences. Voici le rapport adressé sur cette matière par le docteur Kuhn à l'assemblée mensuelle de l'Association d'agriculture et de culture forestière.

« Messieurs, cette question a déjà été traitée dans notre séance du janvier. Néanmoins, la discussion n'ayant point donné des résultats décisifs, il a été émis le vœu que des expériences fussent faites sur les résidus au point de vue de l'alimentation. On a pris dès le mois de février seize mérinos southdown du troupeau de M. de Veltheim à Sickle, et on les a partagés en deux groupes, chacun de quatre moutons et quatre brebis : le premier groupe, en outre du trèfle, des tourteaux et de la paille, a reçu pour nourriture une quantité déterminée de résidus de betteraves

.5

pressées, et le second des tranches de betteraves fermentées présentant une quantité égale de substances solides.

Après avoir donné pendant un temps suffisant aux animaux, pesant en moyenne 57 à 58 demi-kilogr., une
nourriture préparatoire, on donna par jour et par tête au
premier groupe :

<pre>
1,250 kilog. de paille
0,350   —   trèfle
0,250   —   tourteaux de navettes
0,800   —   résidus de presse
</pre>

et au deuxième groupe les mêmes aliments à l'exception
des résidus de presse qui furent remplacés par 3,250 kilogr.
de tranches.

Au bout de quatre semaines de ce régime, le poids du
premier groupe s'était élevé de 231,05 kilogr. à 258,85
kilogr., ce qui constituait une augmentation totale de
27,8 kilogr.; et celui du deuxième groupe de 228,65
kilogr. à 258,05 kilogr., ce qui donnait une augmentation
de 29,4 kilogr.

L'augmentation par semaine et par tête a donc été de
0,87 kilogr. et de 0,92 kilogr. La plus forte a été du côté
des animaux nourris avec les résidus de la diffusion.

En raison de l'augmentation du poids vivant, la ration
a été peu à peu augmentée. La quantité des éléments dont
elle se composait a été changée, mais non pas leurs rapports. A partir du 29 mars, les animaux ont reçu par tête
et par jour, dans le premier groupe :

<pre>
0,475 kilog. de trèfle
0,350   —   tourteaux
1,150   —   résidus de presse
1,250   —   paille.
</pre>

Dans le deuxième groupe on a remplacé les résidus de presse par environ 4,4 kilogr. de résidus de diffusion, les autres aliments restant les mêmes.

Les animaux ont mangé volontiers et avec appétit cette ration ; seulement, la première et la troisième semaine, il est resté quelquefois de petites quantités de résidus de diffusion ; mais ces restes étaient insignifiants, et n'ont pas pu avoir d'influence sur le résultat. On ne put pas méconnaître que, malgré leur froideur et leur forte hydratation, les animaux mangeaient les tranches très-volontiers.

En augmentant la dose des résidus de diffusion, on n'a pas tardé à voir paraître un ramollissement des excréments ; sans pourtant qu'il ait atteint un degré maladif. Cet incident a suffi néanmoins pour faire reconnaître l'influence de la grande quantité d'eau contenue dans cet aliment. Au bout de six semaines de ce régime, le 9 mai, le poids de chacun des groupes était arrivé :

1ᵉʳ groupe { de 266,35 kilog.
{ à 304,30 — augmentation 37,05 kilog.

2ᵉ groupe { de 265,35 kilog.
{ à 302,05 — augmentation 36,70 kilog.

Le deuxième groupe qui était nourri avec des tranches de betteraves diffusées, ne paraît donc être resté que de peu de chose en retard sur l'autre ; mais si la différence en elle-même est insignifiante il faut remarquer en outre qu'elle n'est qu'apparente ; car, dans le deuxième groupe, il se trouvait une brebis qui tout en ayant conservé son appétit et sa gaieté, était restée presque stationnaire quant au poids. En l'éliminant pour arriver à un résultat exact,

et ne conservant que les sept autres animaux, on trouve
que l'accroissement de poids vivant pendant ces six semaines où la dose de betteraves diffusées a été augmentée,
est :

> Pour le 1er groupe de 38,05 kilog. et
> Pour le 2e — de 40 —

Soit par tête et par semaine :

> De 0^k,795 dans le 1er groupe et de
> 0 ,835 dans le 2e groupe.

Dans les deux cas, l'engraissement est satisfaisant ;
comme dans la première période, il s'est produit plus
rapidement chez les animaux nourris avec les résidus de la
diffusion que chez ceux qui ont reçu des résidus de
presse.

La production totale pendant la durée des expériences
a été de

> 73,35 kilog ou 0,535 par tête et par semaine
> dans le 1er groupe, et
> 76,85 — ou 0,875 — 2e —

Mais le poids brut vivant n'est pas tout à fait la mesure exacte du progrès de l'engraissement, car ce progrès dépend de termes qui sont en partie indépendants
de la qualité des aliments ; je veux dire de l'accroissement
en suint, laine, viande et graisse. En calculant d'après les
principes connus quel a été l'accroissement des bêtes sur
lesquelles a été faite l'expérience pendant ces onze semaines, et en faisant la déduction du poids de la laine et de

suint, on trouve un accroissement en viande et en graisse de

kilog 68,60 pour le 1er groupe et de
— 72.52 pour le 2e — soit
kilog 6,08 d'excédant pour le 2e groupe.

Ainsi l'engraissement par les résidus de la diffusion a produit 5 à 7 pour 100 de plus, à poids égal d'aliments solides, que celui par les résidus de la presse. Certes, cet excédant est peu de chose, mais il faut ajouter que, comme viande de boucherie, la qualité était supérieure dans le deuxième groupe. En effet, quand les essais ont été terminés, on a tué deux animaux de sexe différent dans chaque groupe, et on a déterminé le poids de chacune de leurs parties. Ces deux animaux par leurs qualités pouvaient être regardés comme constituant la moyenne de chaque groupe. Or, on a trouvé qu'à poids égal, les animaux du premier groupe sur 100 livres (50 kilogr.) avaient à l'épiploon et aux entrailles

1,99 kilos de suif et ceux du 2e
2,82 kilog. —

qu'en outre le suif des reins était, suivant l'estimation du boucher, plus lourd dans le deuxième groupe que dans le premier. Du reste, avant de les abattre, le boucher avait déjà désigné les animaux du deuxième groupe comme préférables. Il faut donc que le même poids solide en résidus de presse et de diffusion donne une différence quant au résultat dans l'engraissement, et l'avantage, quoique léger, est attribuable aux résidus de la diffusion. Le résultat de nos expériences est d'ailleurs d'accord avec ce qui a été exposé plus haut.

Si l'on calcule les frais de cette alimentation, le résultat n'est pas aussi favorable.

Le premier groupe a consommé en totalité :

        190,4 kilog.   de tourteaux
        270,4   —   trèfle
        228,9   —   paille
        627,9   —   résidus de presse
représentant un poids sec de 205,8 kilos.

Le deuxième groupe a reçu la même alimentation, sauf que les résidus de presse y ont été remplacés par ceux de la diffusion, correspondant à un poids sec de 205.8 kilogr.

En prenant pour base les prix moyens qui ont été employés au calcul d'autres expériences faites ici, c'est-à-dire :

    2 thalers 00 gros pour 50 kilog. de tourteaux
    0   —   20   —   —   trèfle
    13 —   5   —   —   paille de blé
    8   —   0   —   —   résidus de presse
    1   —   5   —   —   de diffusion

prix qui ont été payés l'hiver précédent, les 50 kilogr. de viande et d'augmentation de graisse coûtent :

        Pour le premier groupe 11 th. 12 gros 3 pf.
            deuxième   —   11 — 27 — 5 —
    En plus pour le deuxième groupe 0 th. 15 gros 2 pf.

Ainsi les frais de production du groupe nourri avec des résidus de macération, en ne tenant pas compte du fait que l'engraissage est meilleur, sont, toutes choses égales d'ailleurs, plus élevés qu'avec des résidus de presse ; leur prix comparé à celui des résidus de presse serait donc trop élevé.

Une longue série d'expériences sur les aliments faite par Henneberg, prouvent qu'au prix ordinaire d marché (50 kilogr. de foin = 20 groschen), on paye

        0,500 kilog. d'aliment azoté   18 pf.
        0,500   —   non azoté   3 —

et qu'en prenant ces chiffres pour base, on obtient des prix moyens peu différents de ceux que l'on paye habituellement. En traitant nos deux sortes d'aliments d'après cette considération, nous trouvons pour la valeur de

50 kil. résidus de presse à 32 pour 100 de substance sèche 10 gros 3 pf.
50   diffusion 7   —   2   3 —

et les 50 kilogr. de viande et de graisse produits dans nos expériences coûtent :

        Pour le premier groupe 12 th. 3 gros 3 pf.
            deuxième —   11 — 23 — 6 —
        Différence   0 — 10 — 3 —

en faveur du second groupe.

D'après ce qui précède, il est hors de doute que les résidus de la diffusion ne sont pas inférieurs à ceux de la presse au point de vue de l'alimentation.

Entre la valeur nutritive d'un aliment et son applicabilité dans la pratique, il existe cependant une différence, et nous avons à examiner cette question pour ce qui concerne les résidus de la diffusion.

Tandis que les résidus de la presse, par suite de leur degré de siccité (33 à 35 pour 100), peuvent constituer, pour ainsi dire, l'élément principal ou même l'élément unique d'une ration, il n'en est pas de même des résidus de la diffusion.

Quand ces derniers quittent le diffuseur, ils contiennent de 94 à 96 pour 100 d'eau, dont une certaine partie s'évapore dans le magasin, une autre dans le transport, mais, malgré toutes ces pertes, il y reste encore beaucoup d'eau. Les résidus que nous avons employés étaient restés plusieurs heures en voiture, et presque une demi-journée en chemin de fer; arrivés ici, l'eau s'en écoulait à torrents. Ils restèrent de 4 à 11 semaines dans les fosses, et, au bout de ce temps, ils ne contenaient pas plus de $8\frac{1}{2}$ pour 100 de substance sèche, et même, au bout de 4 semaines de refroidissement, le titre en eau est resté presque constant, en sorte qu'on ne peut guère admettre une dessiccation produite avec le temps. Une masse de 100 quintaux, dans laquelle les résidus étaient entassés sur une hauteur de 6 pieds, présenta au bout de

5	semaines	8,64	pour 100 de substance sèche	
6	—	8,49	—	
7	—	8,60	—	
8	—	8,30	—	
9	—	8,22	—	
10	—	8,97	—	

Des échantillons de résidus qui me sont parvenus de Neuwegersleben et de Sickle, avaient un titre en substance solide plus élevé, c'est-à-dire 10.8 et 9.5 pour 100; cependant on pouvait se demander si la quantité d'eau de ces

échantillons avait réellement diminué depuis leur enlève-
vement jusqu'au moment de l'analyse.

En admettant qu'à l'aide de très-grands amas, et par
une augmentation considérable de pression, peut-être en
semant du sel entre les couches, on puisse avec assurance
ramener le titre en substances solides à 10 pour 100; il
faudrait qu'un mouton consommât 8 kilogr. de résidus de
diffusion contre $2\frac{1}{2}$ kilogr. de résidus de presse, contenant 32 pour 100 de substance solide; et un bœuf, qui
reçoit actuellement 20 kilogr. de résidus de presse, devrait recevoir 64 kilogr. de résidus de diffusion. Mais si
ces résidus ne contiennent que $8\frac{1}{2}$ pour 100 de substance
sèche, comme je l'ai constaté par une expérience suffisamment prolongée, l'équivalent de 1 kilogr. de résidu de
presse serait 3,76 kilogr. de résidu de diffusion, et celui
de 20 kilogr. serait 1500,4 kilogr.

On voit au premier abord que l'introduction dans l'économie d'une si grande masse d'eau ne peut pas être indif-
férente.; même en ne tenant pas compte du fait que les
résidus de diffusion sont à peine échauffés par une faible
fermentation, en sorte qu'ils sont à la température du sol;
que cette eau, par conséquent, doit être échauffée par la
consommation d'autres aliments utiles, pour quitter ensuite
au bout de peu de temps le corps sous forme d'urine étendue; — tandis que les résidus de la presse ont une température plus élevée. On est ainsi tenté de conclure que,
prolongée, cette alimentation peut avoir quelques conséquences diététiques. J'ai déjà mentionné le ramollissement
des excréments qui s'était présenté lors de nos expériences,
sans que la ration fût exagérée. Cependant ce ramollisse-

ment n'atteignait pas un degré nuisible, et ce qui le prouve, c'est la circonstance que la quantité de substance sèche des excréments était beaucoup plus considérable pour le deuxième groupe que pour le premier.

Les huit animaux du premier groupe, nourris de résidus des presses, ont produit :

895 kil. fumier franc de paille avec 276,5 kil. de subst. sèche

Les huit animaux du second groupe ont donné :

1535 kil. fumier franc de paille avec 314,7 kil. de subst. sèche

Ainsi les résidus de la diffusion ont produit 14 pour 100 de fumier sec de plus que les résidus de presse. Ce résultat semblerait indiquer que les aliments ont été plus mal assimilés. Cependant la digestibilité des principes alimentaires des deux sortes de résidus ne paraît pas être différente ; de plus, tous les autres éléments de l'alimentation ont été pareils, y compris même la paille ; cependant la consommation de paille a été moindre dans le second groupe que dans le premier. Il faut donc en conclure que la différence d'assimilation a tenu à la différence de l'hydratation, dont l'action est surtout sensible dans les mois froids de l'hiver. C'est ainsi que, pendant les onze semaines d'expérimentation, les bêtes du premier groupe ont consommé 1610, 2 kilog. d'eau, dont 1077, 8 kilog. volontairement, et celles du second groupe 2513, 8 kilog. dont seulement 30, 2 kilog. volontairement ; c'est un chiffre très-insignifiant. Cela correspond pour le premier groupe à 8, 4 pour 100, et pour le second groupe à 16 pour 100. Contre 1 kilog. de substance sèche il a été consommé :

Par le premier groupe 2,08 kil. d'eau et
Par le deuxième   —   3,33   —

Le premier et principal point auquel les fabricants de sucre devront s'attacher, est donc de réduire cette richesse exagérée en eau, et j'ai appris qu'il se fait déjà des tentatives dans ce sens. Les résidus de la diffusion seront, m'a-t-on dit, soumis à la presse avant de quitter la fabrique. Déjà cela s'est pratiqué chez M. Schöttler; mais je n'ai encore rien appris de certain sur les résultats qu'il a obtenus. M. Schöttler prétend ramener les tranches diffusées à ne peser que 30 pour 100 du poids de la betterave. Or, M. le docteur Seyfferth, à notre réunion de janvier, nous a appris une chose qui est parfaitement d'accord avec ce que nous a communiqué le directeur de la fabrique de Wulferstedt, savoir que les résidus qui contiennent 93 pour 100 d'eau représentent un poids 70 pour 100 du poids de la betterave travaillée; en sorte que ces 70 pour 100 de résidus, correspondant à 2,445 kilog. de substance solide, donneront à la presse un tourteau de 17 kilog. 1/2, contenant 13,7 pour 100 de substance solide, soit la même quantité que la betterave naturelle; les résidus alors seraient incomparablement plus profitables que la betterave. Mais, si, par le moyen de la presse, on parvenait à élever à 15 pour 100 la proportion de substance sèche, on satisferait à toutes les exigences. A cet état de siccité, la ration de résidus de diffusion qui correspondrait à 5 kilog. de résidus de presse ne serait que d'environ 11 kilog.; 20 kilog. de résidus de presse seraient remplacés par 43 kilog. de résidus de diffusion. Les animaux digéreraient très-bien une telle quantité, et il n'y a pas lieu de supposer que la diminution de la quantité d'eau puisse avoir des conséquences nuisibles.

En résumé, les résidus de la diffusion, non pressés, constituent un aliment que les moutons mangent très-volontiers : à poids égal de substance sèche, ces résidus se montrent supérieurs comme aliment à ceux de la presse : mais la quantité considérable d'eau qu'ils contiennent, fait hésiter à donner des quantités de ces résidus suffisantes pour l'alimentation ; et même l'assimilation de petites rations d'environ 6 kilog. sur 50 kilog. de poids vivant a une influence sensible ; de sorte que, avec cette alimentation, il faudrait entretenir une plus grande quantité de bétail, à poids égal de betteraves travaillées.

Si on réussit par la pression à élever le titre des résidus de la diffusion à environ 15 pour 100 de substance solide, il y a tout lieu d'espérer qu'on y trouvera un aliment d'une valeur supérieure aux résidus des presses, à égalité de substance sèche, en raison de leur composition chimique et de leur titre plus élevé en azote : c'est un résultat de nos expériences.

Il me reste à parler d'une recherche d'un autre ordre. J'ai voulu savoir jusqu'où l'on pouvait élever la quantité des résidus de diffusion donnée en ration aux animaux. Quand les expérimentations proprement dites eurent été achevées, j'ai donné aux animaux du second groupe, par jour et par tête :

kilog. 0,250 foin de trèfle
   — 0,390 tourteau de navette et paille et
   — 6,850 résidus de diffusion.

Le premier jour ils ont mangé toute cette ration ; le second il en est resté 0,200 kilog. par tête ; le troisième 0,360 kilog., et le quatrième 0,650 kilog. Pendant ce temps, les excréments de la plupart des animaux avaient pris l'aspect d'une bouillie, et, quand ils se mouvaient un peu rapidement, on entendait le bruit de la masse de gaz développée dans le canal intestinal. J'ai jugé à propos d'interrompre immédiatement cette alimentation, qui, du reste, correspondait à 1,75 kilog. de résidus de presse par jour et par tête.

Je dois donner quelques renseignements sur la conservation des résidus de la diffusion. J'avais reçu 50 quintaux de résidus de Rautheim ; je les ai emmagasinés dans des fosses en parfait état et par un beau temps : ils se sont parfaitement conservés. L'intérieur de la fosse, à une distance d'un pouce de la paroi, avait un très-bel aspect et répandait une agréable odeur acide. J'ai reçu encore 100 quintaux de résidus par chemin de fer; ils venaient de Wegersleben ; ils se sont comportés tout autrement. A cinq heures du matin on les avait chargés à Wegersleben dans un wagon ouvert ; ce n'est que le soir à quatre heures qu'on a déchargé le wagon; par suite ce n'est que le lendemain que l'on a pu mettre dans la terre une moitié de ces résidus. Leur long séjour à l'air ; les alternatives de gelée et de dégel, avaient eu évidemment des conséquences nuisibles. C'est à peine si la moitié de cette charge a pu être utilisée. Il a fallu jeter une couche superficielle de plus d'un pied d'épaisseur, parce qu'elle était complétement pourrie. Il en était de même près des parois jusqu'à un demi-pied de distance. Les caves ou fosses avaient six pieds de large, cinq pieds de profondeur, et une longueur proportionnelle.

Dans le bas, il y avait un réseau de tuyaux de drainage, qui commencèrent à couler environ une heure après la décharge achevée, et qui coulèrent à plein pendant quelque temps. Le tout était recouvert d'une couche de deux pieds de terre.

La consommation considérable d'eau, qui est la conséquence de l'alimentation par les résidus de la diffusion, exige une augmentation de la litière. Pendant la durée des expériences, le premier groupe a reçu 132 kilog. de paille pour litière, et le second 172 kilos; et, malgré cela, lors de la tonte on a reconnu que la laine des animaux avait un peu souffert à quelques endroits du ventre. — Contre toute attente, la quantité de suint était égale dans les deux groupes. On a fait des essais de lavage sur les toisons de deux animaux de chaque groupe, et on a obtenu avec les animaux du

Premier groupe 46,4 pour 100 de laine lavée
Deuxième — 46,2 —

le lavage s'était opéré à l'eau courante.

On ne peut pas encore juger de l'influence qu'a pu avoir l'alimentation sur le suint de laine proprement dit.

IX

EXPOSÉ ÉLÉMENTAIRE POPULAIRE

DES PHÉNOMÈNES ENDOSMOTIQUES QUI SE PRODUISENT LORS DE L'EXTRACTION DU JUS DE LA BETTERAVE, SPÉCIALEMENT DANS LE PROCÉDÉ DE LA DIFFUSION

PAR

le Docteur C. SCHEIBLER.

C'est à bon droit que le procédé de diffusion, appliqué aujourd'hui à Seelowitz par M. Jules Robert, excite maintenant un vif intérêt. Un tableau parfaitement clair des phénomènes qui se produisent lors de la diffusion ne sera donc pas inutile aux personnes qui, faute de temps, ne peuvent entreprendre des études étendues, nécessaires pour en comprendre l'explication rigoureusement scientifique.

Il existe, pour les faits appuyés de considérations théoriques bien définies, des formes simples d'explication, compréhensibles pour tous, alors même qu'on passe sous silence les moyens et les procédés par lesquels ces faits ont été établis. Mais un exposé élémentaire doit être court, débarrassé des détails accessoires et des expressions scientifiques. Il ne doit présenter la nouveauté et l'originalité de la théorie qu'il décrit que comme la résultante de faits connus, et d'observations familières. Celui qui le lit doit seulement se rappeler constamment qu'il n'a sous les yeux qu'un résumé incomplet.

En me mettant à ce point de vue, je pense que l'on m'excusera de chercher à donner une description pratique de la diffusion de M. Bodenberder à côté du mémoire étudié et savant qui en a donné toute la théorie.

On sait que la betterave se compose d'une innombrable quantité de cellules, différentes de grandeur et de forme, différentes aussi de contenu selon leur nature et leur position. Dans ces cellules on rencontre le sucre, l'albumine, les sels, toutes les matières solubles qui se retrouvent plus tard dans le jus, et quelques substances insolubles qui restent dans les résidus. Ces cellules sont entourées partout d'une paroi qui en détermine la forme; mais il ne faudrait pas s'imaginer une paroi complétement imperméable. C'est plutôt un tamis fermé, composé de mailles plus ou moins serrées, et où les petites mailles, comme on se le figure bien, l'emportent en nombre sur les grandes. On peut donc comparer les cellules à des sacs formés d'un tissu lâche et irrégulier. Quant au contenu de ces sacs, on peut se le représenter par de petits grains de grandeurs variées, qui, dans des circonstances données, et par suite de leurs inégalités de grandeur, traversent avec une facilité inégale les mailles de la paroi. On comprend dès lors que les grains les plus petits traversent toutes les mailles et puissent encore quitter les cellules, tandis que les grains plus gros ne pourront sortir que par les grandes mailles de la paroi, dont le nombre est plus petit, et que les grains plus gros encore devront rester entiers dans leur cellule. — Du reste je n'ai pas besoin de dire que ces grains, ces mailles, etc., ne sont introduits ici qu'en vue de l'explication, et que les meilleurs microscopes, ou les autres instruments auxiliaires de la vue, n'ont fourni jusqu'ici aucune preuve de leur existence.

Les grandeurs relatives ou les volumes des grains qui composent les différents éléments du jus, tels que le sucre, le sel, l'albumine, etc., ne peuvent être calculés que par les poids atomiques et les poids spécifiques de ces corps ; on les trouve en divisant les nombres représentant les poids atomiques par ceux que représentent les poids spécifiques. Sans entrer dans ces calculs, je remarque que les corps dont le poids atomique est grand, et le poids spécifique petit, tels que la gomme, la pectine, l'albumine, etc., présentent un grand volume atomique ; tandis que les corps à poids atomique léger, et à poids spécifique lourd, comme quelques sels, le sucre, etc., ont un petit volume atomique, en sorte que les premiers seraient les gros grains, et les seconds, les petits grains. En général, la faculté qu'ont les combinaisons chimiques solubles de quitter une cellule et de pouvoir traverser les petites ouvertures de la paroi cellulaire, est d'autant plus grande que leur volume atomique est plus petit. Cependant, on sait qu'à circonstances égales, cette faculté est plus grande dans les combinaisons capables de cristalliser, telles que la plupart des sels, l'asparagine, le sucre, etc. (les cristalloïdes de Graham), que dans les corps incapables de cristallisation (Colloïdes). En un mot cette propriété est déterminée par deux facteurs : la petitesse du volume atomique et la cristallisibilité.

L'extraction du jus par voie de diffusion, c'est-à-dire l'extraction du contenu des cellules, n'est d'après ces considérations qu'un véritable tamisage, bien entendu dans le sens microchimique. A ce point de vue, elle se distingue des méthodes d'extraction du jus qui procèdent par voie de déchirement des cellules (râpage), auquel cas il y a simple lavage du contenu entier des cellules.

Ce tamisage ne s'effectue que par la diffusion au sein de l'eau ; par suite, en même temps que les substances cellulaires sortiront par les mailles de la paroi, elles seront remplacées dans la cellule par des atomes aqueux. Ce phénomène se poursuit jusqu'à ce qu'il y ait des deux côtés de la paroi cellulaire équilibre dans le mélange d'atomes d'eau et de grains cellulaires tamisables, en effet, il n'existe plus alors de cause à un nouveau mouvement de mélange réciproque des deux corps. Si on éloigne le jus extérieur qui s'est ainsi produit, et qu'on le remplace par de l'eau fraîche, le « tamisage » recommencera, jusqu'à ce que l'équilibre soit de nouveau rétabli, et ainsi de suite. Il paraîtrait, d'après quelques observations, que l'eau qui pénètre dans les cellules aurait une influence spéciale sur la partie du contenu de la cellule que j'ai désignée plus haut du nom des grains les plus gros ; ces corps, incapables de cristalliser, ont une tendance à se gonfler ou à s'agglomérer en présence de l'eau, ce qui les rend encore plus impropres à quitter la cellule. On doit présumer que les atomes de ces corps sont isolés les uns des autres par les corps cristallisables interposés entre eux; mais, à mesure que ces corps cristallisables quittent la cellule, ils arrivent au contact et s'agglomèrent. La chimie pratique nous offre une expérience qui représente précisément ce qui se passe ici. C'est ce qu'on appelle l'essai des farines de Bamihl. La farine de froment contient surtout de l'amidon et du gluten, qui existent en mélange intime dans toutes les farines. Si l'on met une petite quantité de farine de froment (une cuiller à café) dans de la gaze à bluter, très-fine, et qu'on en fasse un petit sac bien serré, puis qu'on le mette sous un robinet d'eau, en le pressant bien et en le pétrissant, tout l'amidon s'échappera par les mailles de la gaze, tandis que le gluten aggloméré, qui forme des fils quand on veut le tirer, reste dans le sac en granules agglomérés. Nous avons là un tableau parfait de ce qui se passe dans le phénomène de la diffusion : une cellule fermée par des parois à mailles; des grains fins (ce sont ceux de l'amidon, correspondant au sucre, aux sels, etc.), qui, sous l'influence de l'eau, abandonnent la cellule; et de gros grains (le gluten, correspondant à l'albumine, à la pectine, etc.) qui s'agglomèrent et restent dans la cellule. L'extraction du jus par voie d'osmose peut se concevoir comme un procédé de tamisage, dont le résultat final est, d'un côté, un liquide tamisé, qui, entre autres substances, contient le sucre, seule matière importante pour la fabrication, et d'un autre côté, un tamis qui renferme un résidu utile pour l'alimentation du bétail. Ce procédé de tamisage dépend essentiellement de la nature des mailles du tamis, et l'on comprend, aisément, que des betteraves de bonne qualité se composent de cellules plus fines et plus tendres que celles d'une betterave

dégénérée; que de plus la rapidité de croissance de la betterave, la culture, le temps, la nature du sol, etc., doivent
avoir une influence considérable sur la structure de la paroi, et par suite sur la qualité des jus obtenus par diffusion.

Ainsi, ce qui caractérise l'extraction du jus au moyen de
la diffusion, c'est que, par l'activité propre de la paroi de
la cellule, il s'opère une séparation partielle du contenu de
la paroi, qui se divise en sucre et en substances non sac-
charines : par là, elle se distingue des autres méthodes
d'extraction du jus, qui procédant par déchirement des
cellules de la betterave, expulsent la totalité du contenu des
cellules, et les entraînent dans le jus : d'où on les en sé-
pare, soit pour les perdre avec les résidus de la défécation,
soit pour les garder et les traiter ultérieurement, sous
forme de mélasse. Les résidus de défécation et les mélasses
sont surtout abondants lorsque, après une expression du
jus de betteraves sorties de la râpe, les pulpes additionnées
d'eau sont soumises à une nouvelle pression. Alors le contenu non sucré, qui dans la première opération était resté
en place est arraché sans ménagement à sa modeste obscu-
rité, pour donner un résultat inutile et incommode.

X

ÉTUDE COMPARATIVE

DES RÉSULTATS DU PROCÉDÉ DE LA DIFFUSION APPLIQUÉ DANS LA
FABRIQUE DE SUCRE DE WULFERSTEDT, AVEC CEUX DU PROCÉDÉ
CENTRIFUGE APPLIQUÉ DANS LA FABRIQUE DE SUCRE PAR ACTIONS
DE JERXHEIM.

Par M. BERGMANN

Nous empruntons au procès-verbal de la réunion des fabricants de sucre de betteraves du Brunswick, le 15 mars dernier, un rapport sur le procédé de la diffusion, fait par M. Bergmann. D'après lui, les résultats obtenus à Rautheim par la diffusion ne seraient pas satisfaisants. Il a essayé de déterminer la différence entre la diffusion et le système centrifuge, et il a trouvé qu'avec la diffusion il se produisait deux sortes de pertes : l'une dans les résidus et l'autre par les eaux d'écoulement. Ce rapport, dont les matériaux analytiques sont dus au chimiste Hugo Schulz de Magdebourg, est ainsi conçu.

A. DIFFUSION A WULFERSTEDT.

Ce n'est pas seulement dans les résidus alimentaires, c'est encore, et surtout, dans l'eau qui s'écoule des vases servant à la diffusion, qu'il convient de chercher la perte de sucre entraîné par la diffusion. C'est sur ces deux facteurs que mon attention s'est portée.

1900 quintaux de betteraves traités en 24 heures ont donné 48 vases de diffusion, dont chacun produit 58,40 quintaux d'eau qui s'écoule.

La quantité des résidus (résidus servant à l'alimentation) s'élève, ainsi que mes indications le confirment, à 75 pour 100.

La quantité d'eau employée correspond à 200 pour 100, dont il ne se retrouve qu'environ 33 pour 100 dans les liquides de la défécation.

1° PERTE EN SUCRE DANS L'EAU D'ÉCOULEMENT.

48 vases de diffusion multipliés par 58,40 quint. d'eau d'écoulement, donnent 2803,20 quintaux d'eau d'écoulement.

Cette eau, dans 100 parties en poids, contient 0,031 pour 100 de sucre : donc

$$2803,20 \times 0,031 = \frac{86,899}{100} = 0,87 \text{ quintaux}$$

de sucre sur 1900 quintaux de betteraves,

ou bien :

Sur 100 quintaux de betteraves, 0,0457 quintaux de sucre.

2° PERTE EN SUCRE DANS LES TRANCHES ALIMENTAIRES.

100 parties en poids de résidus alimentaires contiennent : 0,12, 0,15, 0,17, en moyenne 0,15 de sucre ; par conséquent

$$\frac{x}{75 \text{ pour } 100 \text{ de résidu}} = \frac{0,15 \text{ sucre}}{100}$$

$x = 0,112$ sucre pour 100 quintaux betteraves.

De là résulte une perte de sucre par 100 quintaux de betteraves dans le procédé de la diffusion, de

1° Par l'eau d'écoulement de..	0,0457
2° Par les résidus de.........	0,1125
Total........	0,1582 quintaux.

Soit, pour la campagne entière, de 200 000 quintaux de betteraves

$$0,1582 \times 2000 = 316,40 \text{ quintaux de sucre.}$$

B. PROCÉDÉ CENTRIFUGE A JERXHEIM.

L'extraction du jus se fait par les turbines centrifuges sans pression supplémentaire.

Avec 12 turbines centrifuges, on a traité en 24 heures 600 quintaux de betteraves.

Eau arrivant sur les râpes... 50 pour 100
Eau de pression........... 60 —
Total.......... 110 pour 100 d'eau.

La quantité de la masse de résidus alimentaires est en poids de 30,25 pour 100.

Cette masse alimentaire contient, dans 100 parties en poids, sur 11 analyse :

$$
\begin{aligned}
&0,72 \\
&0,61 \\
&0,38^* \\
&0,85 \\
&0,42 \\
&0,71 \\
&0,63^* \\
&0,76 \\
&0,76^* \\
&0,44 \\
&1,26 \\
\end{aligned}
$$

Moyenne..... $\dfrac{7,54}{11} = 0,685$ de sucre.

Les analyses marquées d'un astérisque portaient sur des résidus qui, à leur arrivée au laboratoire, présentaient une faible réaction acide, en sorte que le titre en sucre est vraisemblablement trop faible.

En ne portant pas en compte ces trois nombres, il en résulte une perte de sucre dans les résidus des centrifuges, de :

$$
\begin{aligned}
&0,72 \\
&0,61 \\
&0,85 \\
&0,42 \\
&0,71 \\
&0,76 \\
&0,44 \\
&1,26 \\
\end{aligned}
$$

Moyenne..... $\dfrac{5,77}{8} = 0,721$

et par conséquent pour 100 quintaux de betteraves, la perte de sucre est donnée par la proportion

$$x : 30,25 \text{ (résidu alimentaire)} :: 0,721 : 100,$$

d'où
$$x = 0,218 \text{ quintaux.}$$

et pour la campagne entière, sur 200 000 quintaux de betteraves,

$$0,218 \times 2000 = 436 \text{ quintaux de sucre.}$$

C. RÉSUMÉ.

Sur 200000 quintaux de betteraves, la perte en sucre est :

    A. Par la diffusion de..... $316 \frac{4}{16}$ quintaux
    B. Par les centrifuges de...   436   —

Ce qui fait un rendement de 119,9/16 quintaux de sucre en plus, de racines au profit de la diffusion.

Cependant, ces résultats ne doivent pas être considérés comme les moyennes d'une exploitation en grand. Ils démontrent, il est vrai, ce que peut produire le procédé de la diffusion quand on y apporte de l'attention ; or, je dois dire que, lors de mon séjour à Wulferstedt, le travail m'a paru être plus attentif que de coutume, en raison de la présence de M. le baron d'Ecker à la fabrique; et les communications que j'ai reçues authentiquement sur les analyses des résidus d'alimentation et des eaux d'écoulement depuis janvier jusqu'à la fin de la campagne, me donnent lieu de croire que les pertes en sucre sont sensiblement plus grandes et très-variables.

Je crois donc être en droit de me baser, pour une comparaison, sur le calcul suivant, en m'appuyant de la moyenne de ces derniers chiffres.

I *a*. PERTE EN SUCRE DANS LES EAUX D'ÉCOULEMENT.

Dans les eaux d'écoulement, la perte en sucre varie entre 0,2 degrés et 1,0 degrés de Ventzke, en moyenne = 0,5 degrés Ventzke = 0,13 sucre dans 100 parties en poids des eaux d'écoulement.

Or $$2803,20 \times 0,13 = \frac{364,416}{100} = 364 \text{ quintaux.}$$

pour 1900 quintaux de betteraves : soit pour 100 quintaux de betteraves

$$\frac{19}{3,64} = 0,19 \text{ quintaux de sucre.}$$

Ce qui prouve que ce résultat est plus voisin de la vérité que les échantillons qui ont été pris par moi, c'est qu'à la fabrique de Wulferstedt, on admet que la perte en sucre est de six livres par vase de diffusion dans l'eau d'écoulement.

II *a*. PERTE EN SUCRE DANS LA PULPE OU RÉSIDU ALIMENTAIRE.

Le titre en sucre du résidu alimentaire varie entre 0,2 degrés et 3,4 degrés Ventzke, en moyenne = 1,67 degrés Ventzke = 0,40 sucre en 100 parties en poids du résidu alimentaire.

Par conséquent

$$\frac{x}{75 \text{ pour } 100 \text{ résidu alimentaire}} = \frac{0,40}{100}$$

$x = 0,30$ sucre sur 100 quintaux betteraves.

Il en résulte que, dans la pratique en grand, il se produit dans la diffusion une perte de sucre totale de

I. *a*. Dans les eaux d'écoulement. 0,19
II. *a*. Dans les résidus............... 0,30
Total.......... 0,49

soit, pour la campagne entière, sur 200 000 quintaux de betteraves,

$$0,49 \times 2000 = 980 \text{ quintaux de sucre.}$$

En comparant les pertes dues à chacun des modes d'extraction du jus, il en résulte que
Sur 200 000 quintaux de betteraves la perte en sucre est :

Dans le procédé de diffusion...... 980 quintaux
Dans le procédé centrifuge....... 436 —
Restent..... 544 quintaux

Différence en faveur du rendement du sucre dans le procédé de la diffusion.

D. DÉTERMINATION DE LA VALEUR
DES RÉSIDUS ALIMENTAIRES.

Les pulpes alimentaires sur lesquels a porté la précédente analyse A. II, contiennent :

I *b*. RÉSIDUS DE DIFFUSION.

100 parties en poids de ces résidus renferment

Eau...............................	92,62
Sucre.............................	0,15
Substances protéiques.............	0,52
Substances extractives............	4,66
Fibre ligneuse....................	1,17
Sels..............................	0,57
Sable et argile	0,31
	100,00

Le prix de l'avoine étant de 1 thaler (3 fr. * 75 c.) les 50 kilos, la valeur alimentaire des résidus de diffusion à l'état frais, serait pour 50 kilos de 2 gros 6 pfennig (31 c,74).

II *b*. RÉSIDUS DES CENTRIFUGES.

Cette estimation est le résultat des quatre dernières analyses des résidus des centrifuges qui étaient

$$B = \frac{0,76 + 0,76^* + 0,44 + 1,26}{4} = 0,81 \text{ sucre }.$$

* Le thaler vaut 3 fr. 75 c.; le gros d'argent, 0,12; le pfennig ou denier, 0,01.

100 parties de ces résidus contiennent :

Eau........................	85,05
Sucre......................	0,61
Substances protéiques............	0,84
Substances extractives Non azotées Nutritives	9,53
Fibres ligneuses	2,57
Sels.......................	0,79
Sable et argile................	0,41
	100,00

L'avoine valant 1 thaler les 50 kilos, le prix des résidus alimentaires des centrifuges à l'état frais est de 5 gros 1 pfennig par 50 kilos.

E. COMPARAISON DU PROCÉDÉ DE LA DIFFUSION AVEC LE PROCÉDÉ CENTRIFUGE

AU POINT DE VUE ÉCONOMIQUE.

La quantité de betterave traitée est supposée être de 200 000 quintaux pour chaque système.

En résumant les résultats énoncés ci-dessus, les pertes en sucre dans deux fabriques traitant chacune 200 000 quintaux de betteraves, s'établissent comme suit :

Diffusion............	980 quint. à 10 th.		9800 th.
Centrifuges.........	436 —	10 —	4360 —
Différence........	544 quint. à 10 th.		5440 th.

au profit du système des centrifuges.

Par contre le procédé de la diffusion comparé au procédé des centrifuges présente les avantages suivants :

1. La valeur comme aliment des résidus frais de la diffusion est égale à 75 $\times$ 2 1/2 sgr. $=$ 6 th. 7 1/2 sgr. par 100 quintaux de betteraves.
   La valeur comme aliment des résidus frais des centrifuges est égale à 30,25 $\times$ 5 sgr. 1 pf. $=$ 5 th. 4 1/2 sgr. par 100 quintaux de betteraves. Les résidus de la diffusion ont donc une valeur plus grande que ceux des centrifuges; et pour 100 quintaux de betteraves la différence étant de **1 th. 3 sgr.**, elle correspond pour 200 000 quintaux à............ 2200 th.
2. L'économie de main d'œuvre est de 3 1/2 hommes par 950 quintaux de betteraves, à 12 sgr.......... 294
3. La consommation de combustible (les machines étant dans un cas de la force de 20 chevaux et dans l'autre de la force de 40 chevaux), est d'environ 18 tonnes de charbon pour 1900 quintaux de betteraves, soit 1890 tonnes à 6 1/2 sgr................... 410
4. Le capital d'établissement est moindre d'environ 10 000 thalers, qui, à 5 pour 100 font............ 500
5. Les aménagements de la fabrique coûtant 10 000 th. de moins, c'est encore un bénéfice de 8 pour 100 provenant de l'usure des machines.............. 800
6. Graissage des machines et des centrifuges, courroies, tamis de centrifuges, etc., en tout pour former un chiffre rond................................. 1236

Total.......... 5440 th.

Il paraît donc que les économies réalisées par la diffusion rétablissent l'équilibre qui semblait menacé par le moindre rendement en sucre. Il ne faut pas oublier que la diffusion présente d'autres avantages, qui consistent en ce que le jus conserve moins d'eau, et que le jus arrivant à la défécation est plus pur, mais l'expérience seule peut décider de l'influence de ces circonstances sur le rendement en sucre.

Il reste encore à s'assurer de la faculté de conservation des résidus de la diffusion, et de leur effet dans l'alimentation du bétail, quand ils se trouvent à l'état de fermentation. Dans ce pays-ci, la question de l'utilisation de ces résidus comme aliments me paraît une question de vie ou de mort pour la diffusion. Jusqu'à ce moment, l'expérience ne nous a pas encore fait connaître comment se comportent les résidus de la diffusion quand ils ont été soumis à des températures très-basses, et si dans un tel état ils supportent bien l'emmagasinage.

Je ne pourrais guère approuver le projet de soumettre à la pression les résidus de la diffusion pour en séparer l'eau, quand même on ne voudrait en enlever que 10 pour 100, car l'eau qui s'écoulera, sous pression même faible, entraînera mécaniquement beaucoup de substance alimentaire.

Enfin dans les hivers rudes j'aurais encore des doutes sur la facilité avec laquelle les betteraves gelées se laisseraient traiter par le coupe-racines.

Du reste n'ayons point trop de souci pour les établissements de sucre par diffusion. M. Kucken nous servira d'exemple pour nous montrer ce que nous aurons à faire nous-mêmes dans nos fabriques. Si M. Kucken conserve le procédé de la diffusion à Wulferstedt, ce sera pour nous un indice que tout au moins il n'y perd pas. Quant aux fabriques existantes aujourd'hui, qui n'ont pas à se presser d'introduire le système de la diffusion, elles peuvent, en attendant, se tranquilliser, si nous ajoutons que pour le moment M. Kucken n'a aucunement l'idée d'introduire la diffusion dans les deux fabriques de sucre de Hötensleben et d'Offleben, qu'il dirige également.

Enfin je crois nécessaire d'observer encore qu'en raison de la faiblesse des quantités de sucre qu'il s'agissait de déterminer (jusqu'à celles indiquées sous I*a* et II*a*), ces dosages n'ont pas pu être faits avec les instruments de polarisation, polarimètre ou saccharimètre, mais au moyen de la dissolution ou liqueur de Fehling.

XI

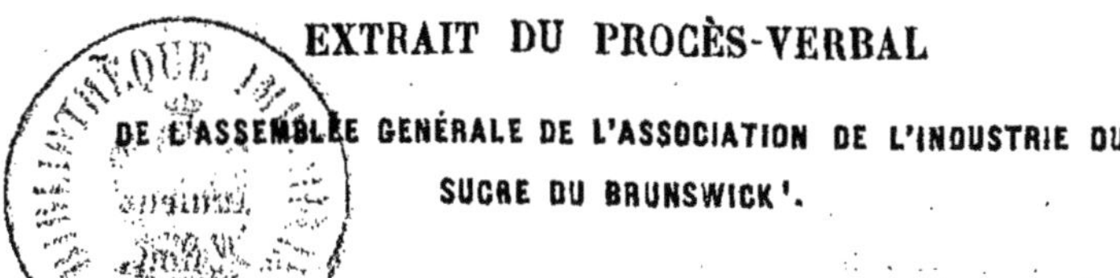

EXTRAIT DU PROCÈS-VERBAL

DE L'ASSEMBLÉE GÉNÉRALE DE L'ASSOCIATION DE L'INDUSTRIE DU SUCRE DU BRUNSWICK[1].

————

Le Président. — Nous arrivons maintenant à la question :

Quels avantages et quels inconvénients a-t-on reconnus au procédé de la diffusion ? et spécialement :

a. N'y a-t-il pas de perte causée par l'eau de diffusion, et peut-on la déterminer par voie analytique ?

b. Le sucre étant si dilué, n'éprouve-t-il pas, en circulant dans les tranches des betteraves, une décomposition telle qu'il en résulte une perte en sucre qui échappe à l'observation, et

c. Les résidus dans ce procédé, sont-ils moins avantageux pour l'alimentation des bestiaux ?

Le Docteur Scheibler. — Je vais simplement lire une lettre de M. Ahrens à Csakowitz : elle vient d'arriver ; depuis longtemps il applique le procédé de la diffusion dans sa fabrique, et il regrette vivement de ne pas pouvoir être

———

1. *Journal de l'Association de l'industrie sucrière dans le Zollverein.*

aujourd'huï ici, pour exposer verbalement le résumé de ses expériences. (voir le numéro VII, p. 59).

Le Docteur Stammer. — J'ai appris à connaître ce procédé dans d'autres fabriques, et aussi à Seelowitz, et j'y ai fait différentes observations. On a, entre autres, reproché à ce procédé de ne pas produire un rendement suffisant; parce qu'il se produirait une grande perte de sucre par l'eau de diffusion, c'est-à-dire l'eau qui s'écoule des vases; et l'on n'y a peut-être pas eu suffisamment égard. Il y a grande difficulté à analyser cette eau : nous venons d'entendre qu'elle doit encore contenir 0,10 pour 100 de sucre, je ne comprends pas trop comment on est arrivé à ce chiffre. Il n'est pas difficile d'arriver à un chiffre, mais il faut encore savoir quelle méthode on a employée. Il ne faut pas oublier qu'il s'écoule des vases des quantités d'eau presque équivalentes au poids des bettaraves traitées. Les tranches des betteraves représentent exactement les betteraves; en admettant que cette eau seule contenait 1/10 pour 100 de sucre, on peut bien admettre qu'avec une analyse plus sévère, ou qu'en supposant que le travail soit fait avec moins de soin et d'attention, on atteindrait un chiffre double; la perte arriverait donc à 3/10 pour 100. Je ne serais pas surpris qu'elle fût un peu plus grande. Pour la déterminer avec exactitude, il est absolument nécessaire de faire vaporiser la dissolution beaucoup trop étendue, de la réduire à un très-petit volume, et ensuite de la soumettre à la polarisation; après cela, la détermination se fera bien plus exactement que si on déterminait directement le degré polarimétrique. Mais j'ajoute qu'il ne faut pas non plus exagérer cette perte. Je crois d'ailleurs que l'on a trop exalté les mérites de ce procédé. Les avantages du procédé de la diffusion sont énormes, mais je ne crois pas qu'il faille les chercher dans une extraction absolue du sucre des betteraves. Il faut bien admettre une certaine perte, mais si elle n'est pas plus grande qu'elle ne l'est maintenant, nous devons, je crois, être encore satisfaits.

Quant au second point, je dois y répondre carrément « Non. » D'après les faits chimiques existants, nous ne pouvons pas admettre cette prétendue décomposition du sucre. Je pourrais aussi dire non, en me plaçant sur le terrain pratique et en m'appuyant d'un autre motif. Nous avons fait des expériences en grand sur l'épuisement des cellules et nous sommes arrivés à des contradictions, c'est-à-dire que le gain en sucre dans la masse cuite, et la perte en sucre dans l'eau et les tranches, ne forment pas un total égal au sucre existant dans les betteraves ; on a cru pouvoir en conclure qu'il se perdait une certaine quantité de sucre. Par nos essais, nous avons reconnu que si nous n'obtenions pas tout le sucre que nous croyons pouvoir obtenir, il fallait en chercher la raison dans le lavage des tranches. Je sais que l'auteur du procédé de la diffusion indique ce point comme le plus essentiel. Si le lavage a commencé dans une masse telle que nous la représentent les tranches fines, et s'il ne s'est pas produit une pénétration complète, il reste des parties épargnées, que l'eau n'a pas attaquées ; d'où une perte de sucre. Je devais attirer l'attention sur cette circonstance pour vous prévenir contre l'hypothèse d'une décomposition de substances inconnues.

A l'égard du troisième point, je ne crois avoir rien à ajouter.

M. LE DOCTEUR KUHNE. — J'ai fait des essais d'engraissage avec des résidus de diffusion comprimés, et j'ai trouvé qu'à quantités égales de substances sèches, on arrive à un résultat parfaitement identique. — L'unique difficulté est la grande proportion d'eau. Il est facile de faire le calcul. Si avec les produits sortant des vases, qui contiennent 96 pour 100 d'eau, on veut obtenir un produit qui contienne 10 pour 100 de substances sèches, il faut presser de 72 pour 100 à 22 pour 100. Or, une proportion en substance sèche de 10 pour 100 serait encore insuffisante pour nourrir un animal ; il ne paraît pas possible de donner à un animal autant de tranches qu'il lui faut pour l'entretien de son existence ; il resterait donc cette difficulté qu'il faudrait acheter encore des aliments, ou rendre une partie des terrains betteraviers à la culture des plantes alimentaires.

M. D'ECKER. — Les deux préopinants ont si complétement développé les avantages et les inconvénients, qu'il ne me reste rien à dire ; c'est surtout M. le Docteur Stammer qui a traité la question à tous les points de vue. J'ajouterai cependant encore que la question de la compression des résidus a déjà été soumise à la dernière Assemblée. On a douté que l'on pût ramener les résidus à 30 ou 40 pour 100 du poids des betteraves ; je suis heureux de pouvoir affirmer qu'un appareil de ce genre est aujourd'hui en activité à Seelowitz. On n'a fait d'essais que sur des résidus provenant du magasin, mais nous sommes en état d'arriver à réduire tous les résidus à 30 ou 40 pour 100. Les personnes qui montent l'appareil, garantissent ce chiffre. Je rappelle ici les communications reçues de Kattowitz, où il se trouve un nombre considérable de bœufs, et je vous renvoie à une seconde expérience faite à Seelowitz, où il y a aussi une quantité de bœufs à l'étable; jusqu'ici ni dans un de ces lieux ni dans l'autre il n'a été question de maladies.

M. LE DOCTEUR STAMMER. — A l'égard de la compression des résidus je dois encore vous faire remarquer ce qui suit. La fabrique de Strobel à Chemnitz construit maintenant une presse destinée à comprimer ces résidus : j'ai vu les dessins, et j'ai lu les rapports d'une fabrique de Posen qui en est très-contente. Cette presse coûte 200 thalers et sa construction est très-simple. Les personnes qui y portent intérêt recevront de Chemnitz ou de moi les renseignements qu'elles désireront.

M. LE DOCTEUR KUHNE. — Si les résidus sont réduits par la pression à 43 pour 100 du poids de la betterave, le titre des substances sèches est à 8,1/2 pour 100, or, les résidus que j'observe depuis des mois, ont le même titre en substance sèche. Il est monté de 4 à 8,4 dans la fosse.

LE PRÉSIDENT. — Ces communications ont été très-intéressantes pour nous tous, et nous espérons apprendre encore d'autres détails dans l'Assemblée la plus prochaine.

XII

LA DIFFUSION

DE M. JULES ROBERT, DE SEELOWITZ

par M. l'abbé MOIGNO [1].

Avant de décrire cette méthode nouvelle d'extraction des jus sucrés de la betterave, dont la première idée remonte à 1864, qui donna dès son berceau de brillantes espérances, et qui a déjà reçu la sanction de l'expérience en grand, rappelons rapidement les différentes méthodes pratiquées jusqu'ici.

La plus généralement suivie consiste dans l'emploi des râpes et des presses : en apparence, elle est simple et efficace, et cependant, tous voudraient échapper à la nécessité qu'elle entraîne de mettre en jeu une force motrice considérable et dispendieuse, de renouveler sans cesse une grande portion du matériel, les toiles surtout et les sacs ; et nous entendons émettre partout le vœu d'un procédé qui laisse moins à désirer.

1. Extrait du journal *Les Mondes*, tome XIV, 1867.

Mathieu de Dombasle aborda le premier ce difficile problème, mais avec une idée préconçue. Suivant lui, les betteraves ne peuvent céder leur jus qu'autant que les membranes cellulaires déchirées par la chaleur, la dessiccation ou la congélation, lui permettent de s'écouler. La macération à l'eau chaude, de même que la dessiccation des cossettes ont eu leurs partisans, mais elles ont disparu très-promptement des fabriques de sucre, parce qu'elles ne donnaient pas ce qu'on en attendait.

On essaya plus tard la lixiviation de la pulpe par l'eau froide et l'emploi de la force centrifuge. Le premier moyen, quoique rendu plus facile par la table de déplacement de M. Kessler, a été à peine essayé dans quelques usines. Le second, l'extraction des jus par les turbines exige qu'on ajoute aux pulpes au moins 50 pour 100 d'eau, pour arriver à un lessivage satisfaisant ; et le fouettage au sein de l'air ambiant, en faisant naître une grande quantité d'écume, augmente notablement les embarras du travail.

Le plus grand obstacle au progrès était la théorie de la nécessité de l'amortissement, ou déchirure préalable des cellules par l'eau chaude, la siccité ou les acides ; et le premier pas que M. Jules Robert eut à faire fut d'établir rigoureusement les propositions suivantes :

1° La nécessité d'amortir les cellules pour les mettre à même de céder leur jus n'est pas admissible ;

2° Les lamelles de betteraves rendues suffisamment minces cèdent leur jus par diffusion, même à froid, à la température de l'eau des puits, de manière à ne laisser que des traces de sucre dans les résidus ou pulpes ;

3° La température de 50 degrés est la limite à laquelle a

lieu la transformation de la pectose en pectine, et l'on peut tout arranger de manière à ne courir jamais le danger de la dépasser;

4° Les jus obtenus par diffusion ne sont pas chargés de pectine, puisque l'examen au microscope des lamelles épuisées montre que les membranes cellulaires sont restées intactes, et que la pectose n'a éprouvé aucun gonflement;

5° Enfin, la présence, dans les mêmes cellules épuisées, du protoplasme, corps très-azoté, et de l'embryon cellulaire, prouve que les jus obtenus par diffusion sont plus purs que ceux obtenus par les moyens violents de la râpe et de la presse, en même temps que les pulpes ont une valeur plus grande, puisqu'elles ont gardé la matière azotée.

Le procécé de diffusion comprend trois opérations principales :

I. La betterave est coupée en tranches d'épaisseur très-mince, dont la largeur ne doit guère dépasser un centimètre; dont la coupure doit être très-franche;

II. Les tranches sont placées dans un vase extracteur contenant assez d'eau, à 80 degrés centigrades, pour que la température du mélange ne dépasse pas 58 degrés : le liquide doit toujours être chauffé dans un vase à part, et jamais en présence des tranches;

III. On abandonne les tranches à l'action de la diffusion pendant un quart d'heure.

Connaissant, d'une part, la température initiale des betteraves à réchauffer, de l'autre, le volume de l'eau de diffusion qui est, en général, au volume des betteraves, dans le rapport de 125 à 100, ou plus grand d'un quart, on calculera sans peine le degré de chaleur à donner au liquide réchauffant pour que la température de la masse entière ne dépasse pas 50 degrés. Si elle restait au-dessous, à 40 degrés, par exemple, il n'en résulterait aucun autre inconvénient qu'un retard dans la diffusion.

Pour mieux régulariser la température, au fur et à mesure que les lamelles arrivent dans le vase extracteur, on fait descendre dans le vase, au-dessous du trou d'homme, un tuyau arrondi en tête à son extrémité inférieure, qui fait fonction de pomme d'arrosoir, et distribue le liquide chaud proportionnellement à la masse à échauffer.

L'appareil se compose de deux séries, l'une gauche A 1, A 2, A 3, A 4, A 5; l'autre droite B 1, B 2, B 3, B 4, B 5, de vases fermés, et communiquant entre eux par des tuyaux qui fonctionnent de bas en haut. On remplit le premier vase à gauche, A 1, de tranches de betteraves et d'eau ou jus réchauffé à la température nécessaire, pour que le mélange ne dépasse pas 50 degrés; on laisse reposer. On passe au premier vase de droite B 1, que l'on remplit de même, pour venir à A 2, aller à B 2, et ainsi de suite.

Tous ces vases sont commandés par un réservoir d'eau froide, laquelle, sous une pression de 2 à 3 mètres d'eau, fait passer le jus de l'un à l'autre, par le simple jeu des robinets. Les vases sont de même en communication avec un second tuyau partant du récipient chauffe-liquide, et cèdent leurs jus ou extraits, quand le moment est venu, à un troisième tuyau qui les conduit soit dans le chauffe-liquide, pour aller de là repasser sur une nouvelle quantité de tranches, et se concentrer davantage par une nouvelle diffusion ; soit, lorsque la concentration est suffisante, dans les chaudières à défécation.

Quand les tranches ont subi l'action première du liquide chaud, l'eau froide qui remplace ce liquide suffit à entretenir la diffusion, sans qu'il soit nécessaire de l'aider par une émission intérieure de vapeur.

Deux séries ou batteries de cinq vases travaillant simultanément, et avec une vitesse de circulation exactement calculée, suffisent pour opérer un épuisement aussi complet qu'on peut le désirer raisonnablement. Le jus sortant du cinquième vase de droite B 5 est assez concentré pour aller à la défécation ; il est remplacé par le contenu du quatrième vase B 4 que l'on envoie au chauffe-liquide pour le le faire servir à chauffer la charge de betteraves du cinquième vase A 5, de la batterie de gauche, et à concentrer le jus de ce vase pour qu'il puisse passer à son tour à la chaudière de défécation.

Dans la pratique, pour que la manipulation soit plus rapide et plus complète, il est utile de porter à huit le nombre des vases de chaque série : cinq ou six seraient en travail, deux seraient tour à tour vidés et nettoyés.

Si l'opération est bien conduite, on extraira, à un vingtième près, tout le jus contenu dans la betterave. L'observation prouve, en effet, que l'on obtient régulièrement par diffusion 91 kilogrammes de jus sur 95 kilogrammes que renferment, en général, 100 kilogrammes de betteraves. Les matières insolubles, un peu d'argile, les principes azotés ou albuminoïdes, qui, pour la plus grande partie, résistent fort heureusement à la diffusion, constituent un déficit de 5 pour 100 ; de sorte que les 91 quatre-vingtquinzièmes de jus extrait, représentent les 19 vingtièmes du jus contenu dans la betterave.

M. Jules Robert énumère comme il suit les avantages de son procédé :

Économie d'installation ;

Économie de main-d'œuvre ;

Extraction presque complète des sucs organiques, moins les substances albuminoïdes qui restent en grande partie dans les cellules, comme font tous les colloïdes mis en présence des cristalloïdes, à travers des membranes ;

Jus plus purs et plus riches que par toute autre méthode, et, par conséquent, économie de combustible ;

Économie de force motrice de 50 pour 100 ;

Diminution notable des frais d'entretien, de réparation et d'usure du matériel ;

Régularité et propreté incomparable du travail ;

Richesse alimentaire et conservation facile des tranches épuisées ou pulpes, malgré l'eau qu'elles contiennent, et dont on les débarrasse sans peine par une opération très-simple : un simple rouleau à macadam, passant lentement sur une voie ferrée et percée à jour, enlève aux pulpes plus de 40 pour 100 de l'eau excédante ;

Extraction certaine et facile du jus des betteraves les plus denses, les plus fibreuses, de celles même que la râpe peut à peine attaquer.

Des chimistes très-compétents, dont la science est profonde et l'expérience grande, avaient peine à croire que la diffusion de M. Robert ne fût pas la macération de M. Mathieu de Dombasle. Ils ne voyaient entre la macération et la diffusion qu'une différence théorique et pratique insignifiante ; ils ne pouvaient pas comprendre qu'une modification si petite pût donner des avantages si considérables. Car ils conviennent que si les résultats affirmés par M. Robert sont réels, ce dont on ne peut plus douter, puisque les preuves sont faites en Allemagne depuis trois ans, et aux Indes dans le traitement des cannes à sucre[1], la diffusion s'imposera nécessairement partout, et deviendra avec l'osmose le salut ou la résurrection de la grande industrie des sucres de betteraves, qui est elle-même l'avenir de l'agriculture en Europe.

En réalité, la différence théorique ou pratique entre la macération et la diffusion est énorme. La macération à chaud, même à une température très au-dessous de celle que réclamait M. de Dombasle, même avec un outillage plus rationnel et plus complet que celui installé par le célèbre fondateur de Roville, ne serait jamais qu'une opération mauvaise et ruineuse, par suite de l'invasion des matières pectiques qui altèrent le sucre et rendent son extraction aussi difficile qu'irrégulière.

La dessiccation des cossettes, qui n'a été tentée plus tard que parce que la macération donnait des résultats incomplets, et qui avait aussi pour point de départ la malheureuse théorie de l'amortissement, a été bientôt abandonnée en raison des frais considérables qu'elle entraînait. En effet, avec les appareils évaporatoires à effets multiples de la vapeur, il faut moins de combustible pour achever la

1. Le jury a décerné la médaille d'or à M. Minchin, de Aska, pour les sucres obtenus de premier jet par le procédé Robert, et qui dépassent de beaucoup tous les sucres fabriqués par les procédés anciens.

fabrication entière du sucre, qu'il n'en faut pour sécher simplement les cossettes. La dessiccation, en outre, a le grand tort de détruire ou d'intervertir le sucre sorti des cellules déchirées, mis en contact avec l'air ambiant et oxydant pendant six ou huit heures, durée ordinaire de la dessiccation. Pour estimer cette perte, il faut ajouter aux cellules simplement ouvertes par le tranchant des lames des couteaux qui ne sont le plus souvent que de longues scies, les meurtrissures causées par ces mêmes lames qui pénétrent dans la betterave à des profondeurs de plus d'un centimètre.

La macération à chaud et la dessiccation ont été tour à tour pratiquées à Seelowitz, et c'est sous la pression du souvenir des ennuis et des pertes qu'elles avaient causées qu'on a combiné la diffusion qui a tous leurs avantages sans avoir leurs inconvénients, qui n'a avec la macération qu'une ressemblance apparente, qui en diffère considérablement, essentiellement. La macération, en effet, ne travaille qu'à porte ouverte, tandis que la diffusion s'exerce à portes fermées, à travers les membranes restées intactes qui retiennent les substances pectiques en laissant échapper le sucre. La macération suit la destruction de la vitalité de la plante ; la diffusion suppose que les cellules sont encore vivantes, ou du moins son exercice n'est nullement empêché par la vitalité.

Nous ne disons rien du procédé d'extraction du jus de betteraves par la congélation, parce qu'il n'est pas né encore, qu'il a été à peine expérimenté sur petite échelle et dans des conditions qui ne laissent nullement prévoir la possibilité d'une application manufacturière.

M. Jules Robert a constaté plus récemment, qu'en opérant sur des tranches très-minces, il a pu abréger notablement le temps de repos laissé à chaque vase pour la diffusion, et qui était primitivement d'un quart d'heure. Il a pu aussi abaisser à 80° au lieu de 100° la température du liquide chauffeur, et maintenir entre 37° et 50° la température du dernier vase où s'achève la concentration, de manière à échapper toujours à la décomposition de la pectose, à l'invasion des matières pectiques. Il a constaté enfin qu'on peut, au besoin, dans les cas très-rares où l'on manquerait presque absolument d'eau, exercer la pression nécessaire à la circulation du jus, au moyen de l'air ou d'un gaz comprimé, et que le surcroît de dépense imposé par cette substitution serait en partie compensé par la meilleure condition des résidus ou pulpes qui sont alors plus sèches et d'un transport plus facile.

XIII

DISCUSSION

DE L'ASSEMBLÉE GÉNÉRALE DE L'INDUSTRIE SUCRIÈRE DU ZOLLVEREIN
A MAGDEBOURG, DU 9 MAI 1867.

M. LE VICE-PRÉSIDENT FRIESE. — Nous arrivons maintenant aux questions :

« Quels progrès a fait le procédé d'extraction du
« jus par la diffusion? — Quels sont notamment les
« résultats de l'expérience concernant la valeur comme
« aliment des tranches diffusées? — A-t-il été fait des
« essais de mise en activité du procédé de la diffusion
« en employant de l'eau calcaire (alcaline), et quel en
« a été le succès? »

J'ouvre la discussion, et je prie les personnes qui y
prennent intérêt, de demander la parole.

M. R. RIEDEL. — Comme MM. Robert et d'Ecker sont
malheureusement empêchés de venir eux-mêmes à l'assemblée, je prends la liberté de faire quelques observations
qui amèneront probablement une discussion approfondie.

Les progrès du procédé de diffusion, en ce qui concerne son extension, sont très-satisfaisants; dans la pro-

chaine campagne, plus de vingt fabriques le mettront en pratique. Je m'abstiens ici de donner une indication généra-le de ses avantages, car vous avez déjà eu presque tous l'occasion de vous en convaincre par vous-mêmes dans les neuf fabriques qui sont déjà en plein exercice : il paraîtra dans la journal de l'Association un mémoire dans lequel on mettra ces avantages en évidence par des chiffres. Je m'en tiens donc à la question telle qu'elle est posée. Je vous parlerai des perfectionnements apportés à la diffusion, et des expériences dont elle a été l'objet. Ces perfection-nements consistent dans l'attention qui a été donnée aux conditions qui constituent les principaux éléments du suc-cès : ces conditions sont surtout la régularité et la propreté dans la coupe des tranches, l'uniformité de la charge et du transport aux chaudières de défécation, la recherche des moindres causes perturbatrices de la marche régulière des opérations, etc., conditions qui étaient déjà reconnues comme importantes, mais dont l'utilité nous a été confirmée à un très-haut degré. Pour y parvenir avec certitude, il a dû être apporté aux appareils quelques légères modifica-tions qui n'ont rien changé au fond du système, mais qui n'en sont pas moins importantes. Ce sont entre autres l'application d'un fond conique aux vases, pour éviter les angles; la disposition plus rationnelle des soupapes et du réseau des tuyaux. Ceux de vous, messieurs, qui y ont intérêt, pourront prendre en tout temps connaissance de ces modifications chez MM. Seele et Cie à Brunswick, ou bien chez nous à Halle.

Relativement à la question de la valeur nutritive des tranches diffusées, je puis vous dire qu'il ne nous est

point parvenu de plaintes sur la bonté de cette alimentation; que les juges les plus compétents dans la matière,
les bœufs et les moutons s'en sont parfaitement trouvés;
et que l'état du bétail des fabriques qui opèrent par la
diffusion, loin de subir un mouvement de recul, est, au
contraire, très-florissant. — Il est un reproche bien connu
que l'on a adressé à la diffusion et qui a son importance :
c'est la grande hydratation de ses résidus. Si elle ne nuit
pas à la bonté des résidus, elle présente un inconvénient
grave pour différentes fabriques à cause de la difficulté du
transport. J'ai le plaisir de vous apprendre que de deux
côtés on poursuit la solution de cette question, et que l'on
est près de l'avoir trouvée. MM. Seele et Cie, à Brunswick,
et Jules Robert, à Seelowitz, ont construit des appareils
simples et d'une grande puissance pour expulser l'eau
excédante des résidus. La réduction est d'environ 40 pour
100; et s'il est nécessaire de la pousser plus loin, on
pourra encore y arriver.

Je ne sais pas si M. le président désire que les deux
questions soient réunies; ce serait peut-être mieux.

(M. le président fait un signe d'adhésion).

En me rattachant à ce que j'ai dit plus haut, je pourrais
faire remarquer que dans une fabrique à diffusion dont la
marche est régulière, où l'on a écarté toutes les causes de
perturbation, où l'on travaille avec soin, et surtout où les
tranches sont franchement coupées, l'emploi des alcalis est
inutile. On doit au contraire y recourir là où ces conditions
ne sont pas remplies, où le tranche-racines ne fonctionne
pas proprement, où dans la coupe des betteraves on ne
prend pas les précautions nécessaires pour qu'elles ne s'é-

crasent pas et ne s'émiettent pas. Il est incontestable d'ailleurs que la qualité de l'eau a de l'influence sur la marche de la diffusion. Si on a de l'eau qui commence à se putréfier ou qui contient soit des matières aptes à jouer le rôle de ferments, soit des sels en quantité capable d'influer sensiblement sur le rendement en sucre des jus, — dans ce cas on comprend qu'elle doit avoir une influence nuisible sur la valeur du procédé de la diffusion, comme de tout autre procédé d'extraction qui se fait avec addition d'eau. Il faut donc aussi avoir pour la diffusion une eau bonne, saine et propre à l'usage qu'on en veut faire.

M. Schoettler. — Je n'ai que peu de chose à ajouter à ce qu'a dit M. Riedel, mais je puis parler d'après ma propre expérience. J'ai organisé l'usine d'Einbeck d'après le système de la diffusion, et je l'ai pratiqué pendant la courte campagne de ma fabrication. J'ai fait mon rapport à l'assemblée générale de la section de l'association de Brunswick, et je crois que vous le verrez bientôt imprimé dans le journal de l'association. J'ai ajouté à mon travail un supplément, dans lequel j'ai cherché à démontrer par des chiffres les avantages que la diffusion présente sur les autres procédés. Mes essais ont confirmé ce que j'avais avancé à Brunswick. J'ai trouvé qu'on arrive à une économie de $1\frac{1}{2}$ silbergroschen par quintal de betteraves traité, et je crois que cette économie peut encore être accrue. L'installation à Einbeck a présenté dans le principe d'énormes difficultés, mais elles tenaient en partie à des vices dans les appareils, en partie à notre inexpérience. Nous avons donc dû faire des essais presque dans toutes les directions avant de pouvoir travailler régulièrement.

Après avoir enfin tout mis en ordre, nous sommes parvenus à travailler régulièrement et sans trouble aucun, malgré la mauvaise qualité des betteraves. Nous avions tant de betteraves pourries, qu'on ne pouvait pas en supporter l'odeur ; malgré cela nous avons obtenu des jus beaux et clairs.

Quant à ce qui concerne la question de l'alimentation, je me suis occupé de trouver une disposition mécanique qui puisse expulser d'une manière continue l'eau des résidus. J'ai dépensé dans ce but de fortes sommes, et je me suis convaincu qu'aucun des appareils connus ne satisfaisait aux exigences. Je suis revenu alors à la presse hydraulique, et j'ai trouvé que deux presses suffisent pour le traitement de 1800 à 2000 quintaux. Il faut pour ce travail cinq personnes ; néanmoins la compression à siccité des résidus ne coûtera que peu de chose, car les presses travaillent sans draps et ne s'usent que fort peu. De la sorte on obtient un aliment contenant de 15 à 16 pour 100 de substances sèches, et plusieurs chimistes agricoles m'ont dit que ces résidus sont très-nutritifs. Je ne doute pas que l'on n'améliore encore la qualité ; mais il faut avant tout savoir s'il y a là avantage pour le cultivateur ; avec 15 à 16 pour 100 la perte de valeur alimentaire est nulle. Il est probable que M. le docteur Kuhne publiera le résultat de ses observations dans un recueil scientifique. Il est venu chez nous à Einbeck prendre des résidus à tous les degrés de pression.

L'emploi de l'eau calcaire est nécessaire dans les cas qui ont été indiqués par M. Riedel. Il est arrivé que parfois nous avons pu travailler sans eau chargée de chaux ; mais il est arrivé aussi que nous avons dû l'employer, parce que toutes nos betteraves avaient souffert. Nous avions été forcés d'emmagasiner toutes les betteraves en automne, et nous n'avions pu commencer à travailler qu'à la fin de janvier. La disposition pour l'emploi de l'eau calcaire est très-simple. Nous ne la faisons pas servir comme eau de compression ; nous l'amenons principalement dans les diffuseurs. La chaux n'a aucune influence sur les résidus, car sa quantité est trop insignifiante.

M. LE VICE-PRÉSIDENT. — Il serait fort intéressant de savoir dans quelles proportions on obtient les résidus. Dois-je admettre que quand vous parlez de 40 pour 100, vous entendez 40 pour 100 en poids?

M. SCHOETTLER. — Oui.

M. REIMANN. — Ce sont des faits qu'on vous a commuqués, et il me faut un certain courage pour présenter des résultats, qui sont des faits aussi, mais en désaccord avec les vôtres. Là où je suis, on s'est sérieusement posé la question d'installation du procédé de la diffusion. Nous travaillions avec le procédé Schutzenbach ; mais comme nous désirions faire des économies, nous avons saisi avec plaisir l'occasion d'apprendre à connaître la diffusion, et à la mettre à l'épreuve.

Les essais furent tentés ; l'appareil d'extraction avec lequel nous traitions 4800 quintaux, fut transformé en appareil de diffusion. M. d'Ecker vint et dirigea les opérations. Naturellement nous n'avions en vue que les avantages ; nous ne voulions pas croire à un échec ; mais nous avons dû céder devant les faits. Nous avons eu des pertes en sucre, dont nous n'avons pas pu nous rendre compte. On a jeté la faute sur les cylindres ; nous avons travaillé à la chaux, puis sans chaux : nous avons essayé de tous les moyens, sans pouvoir réussir. Vous ne tenez pas à connaître combien il y a de sucre dans les résidus des betteraves, mais vous voulez savoir ce qu'en contenait la masse de première cuite, c'est le principal. Je n'ai pas à faire ressortir les avantages de la diffusion, mais seulement à vous dire quels ont été ses résultats, comparés à ceux de la macération. Il faut cependant tenir compte du capital d'établissement; il faut bien que je dise que le procédé de diffusion ne coûte que 10 000 fl., tandis que le procédé de macération coûte 20 000 fl. Les consommations d'eau sont tout aussi considérables. Pour la macération nous employons beaucoup d'eau qui se perd; il en est de même avec la diffusion. Dans un essai avec la macération nous avons perdu 13 pour 100 de sucre ; dans un autre 14 pour 100; ce sont les résultats de 15 270 quintaux de betteraves ; nous avons obtenu 8.9 et 8.2 de sucre brut. Nous avons passé au procédé de diffusion, et il nous a donné des résultats désespérants; les jus épaissis tout d'un coup tombaient comme du mercure dans la chaudière à défécation, il nous fut impossible de continuer à travailler. Nous pratiquâmes ensuite la diffusion sous la direction de M. d'Ecker; mais nous ne réussîmes pas mieux. La première fois, nous perdîmes 20.2 pour 100 de sucre ; une autre fois, 19 pour 100; nous ne pouvions pas nous avancer plus. Les choses en restèrent là jusqu'au jour où on nous apprit que le procédé avait été introduit à Altshausen. Nous y envoyâmes le chef des chaudières pour y suivre le procédé et faire un troisième essai à Waghausel. Il fut satisfait, nous recommençâmes avec de la chaux; pendant deux jours les jus restèrent assez bleus, mais le troisième jour la coloration verte se montra en dépit de la réaction alcaline. Cette couleur était déjà d'un mauvais augure pour le chimiste; le lendemain il nous fallut jeter les jus. Ce sont des résultats qui ne se sont peut-être pas produits dans d'autres fabriques, bien que je sache un cas où il a fallu aussi en rester là.

Nous cessâmes de nous en occuper, attendant de nouvelles expériences. Vers cette époque-là, mon collègue alla à Wulferstedt, où le procédé donnait, dit-on, d'excellents résultats; M. d'Ecker y était aussi. Il soumit le procédé à un contrôle sévère, et il arriva à cette conclusion que l'on y perdait 30 pour 100 de sucre. Après tant d'échecs, il n'y avait plus rien à faire.

Je dois encore le faire remarquer, bien que nous ayons beaucoup de lies de défécation avec la macération, nous gagnons cependant 3 pour 100 de sucre de plus. Le résultat définitif de la diffusion a été une perte de 16 pour 100 de sucre. Vous êtes aussi agriculteurs; vous voulez tirer parti de vos résidus; il faut que vous regardiez à leur qualité comme aliments, or ces aliments, dans la diffusion, ne contiennent que 6 pour 100 de substances sèches; il faut donc faire avaler six quintaux de cet aliment à un bœuf pour qu'il puisse vivre. On nous a dit qu'il y a maintenant des presses capables d'expulser l'eau, et que les résidus sont amenés à 12 pour 100 de matière sèche; mais quand vous presseriez à faire déchirer les draps, vous aurez tout au plus 22 pour 100; l'eau reste dans les cellules et on ne peut pas presser au delà de 22 pour 100.

M. le vice-président. — Je me permettrai de demander comment la perte en sucre a été constatée.

M. Reimann. — Il se produit une décomposition du sucre, et je compte seulement ce que j'obtiens de sucre dans les masse cuites. Chez nous, à la diffusion, il s'est perdu une fois 20 pour 100, une autre fois 19 pour 100 ; à Wulferstedt 30.4 pour 100, et dans une autre fabrique 3 pour 100 de plus qu'avec le procédé de la macération, c'est-à-dire 16 pour 100. Les produits de la décomposition du sucre se retrouvent dans la mélasse, et ils font obstacle à la cristallisation d'une partie du sucre.

M. le vice-président. — Les résultats de Wulferstedt vous ont-ils été ainsi communiqués d'après l'ensemble de la campagne?

M. Reimann. — Non, d'après le travail de la semaine.

M. le docteur Scheibler. — Je veux seulement faire une observation à l'avantage de la diffusion relativement à une partie de la question de l'influence sur la dialyse des sels contenus dans l'eau. Je crois que l'on peut dire que les sels n'ont pas dans la diffusion une influence plus nuisible que dans les autres procédés d'extraction du jus. On doit même présumer que les sels introduits par l'eau jouent un rôle favorable. Comme on le sait, le procédé d'endosmose repose sur ce que l'eau extérieure fait échange de position avec le contenu des cellules; il est clair que s'il y a des sels dans l'eau extérieure, les sels à l'intérieur des cellules ne sortiront pas; ainsi les sels amenés par l'eau ne joueraient pas un rôle nuisible dans la diffusion; ils joueraient plutôt un rôle favorable. Je considère le procédé de la diffusion au point de vue théorique comme la méthode la plus rationnelle d'extraction des jus; et je crois qu'elle surmontera victorieusement toutes les difficultés qu'on lui oppose encore. Si elle a encore beaucoup de défauts, comme tout procédé nouveau, il ne faut pas que les fabricants de sucre se laissent effrayer et cessent de lui donner une sérieuse attention. Je me permettrai de demander à M. Reimann, si une bonne partie des vices constatés à Waghausel ne tenaient pas aux appareils; il est probable, en effet, qu'ils étaient disposés exactement dans les conditions du procédé de la macération, et qu'ils n'auront peut-être pu être qu'à moitié modifiés suivant les exigences de la diffusion.

M. Reimann. — M. d'Ecker a eu le procédé sous sa direction; il a fait l'installation et il l'a déclarée bonne.

M. le docteur Rose. — J'ai seulement demandé la parole pour placer une observation en ma qualité d'actionnaire de la fabrique de Wulferstedt, et non pas pour parler du procédé de la diffusion. Les comptes ont été clos, il y a peu de temps, et par suite je sais combien nous avons obtenu de sucre. Le rendement s'élève à 9 1/3 pour 100. Si donc avec notre procédé nous avions eu une perte de 30 pour 100 de sucre, et que d'autres n'eussent perdu que 3 pour 100, ces autres fabriques auront dû obtenir 12 pour 100 de sucre, ce qui n'est certainement pas. Je crois que cette explication suffira pour prouver qu'il est impossible que nous perdions 30 pour 100, sans compter le sucre qui peut être encore contenu dans les quatrièmes produits.

Le docteur Bodenbender. — Il y a deux ans, quand le procédé de la diffusion a été introduit pour la première fois à Rautheim, j'y ai pris des échantillons de jus; ils sont restés 24 heures en route; je les ai analysés, et je n'ai constaté aucune altération. Il n'est pas non plus admissible de dire, comme le fait M. Reimann : nous avons eu telle perte, sans dire en même temps combien il a été perdu de sucre au filtrage et dans les autres opérations. J'ajoute que quand, comme cela a eu lieu, on met en jus des nombres aussi grands que 30 et 16 pour 100, il ne faut pas négliger de rappeler que dans le procédé par là presse, bien exécuté, il se produit toujours une perte de 16 pour 100 de sucre.

M. R. RIEDEL. — Je laisse aux intéressés de Wulferstedt le soin de répondre au reproche fait à leur fabrication par M. Reimann, qui impute à la diffusion une perte en sucre de 30 pour 100; je me bornerai à répondre à ce qui a été dit de l'exploitation de Waghausel. M. Reimann a prétendu que c'est M. d'Ecker qui a indiqué et organisé l'appareil de Waghausel. D'après ce qui m'a été dit, il n'en serait pas ainsi. M. d'Ecker est venu simplement faire un essai. Pour rendre cet essai possible, il a eu le malheur de consentir à ce qu'il fût fait avec les appareils qui y existaient : appareils destinés à la macération, et tout à fait impropres à la diffusion. En effet, si je suis bien informé, les appareils de Waghausel ont un diamètre plus de trois fois plus grand que ceux que nous regardons comme les meilleurs ; de plus, vous vous rappellerez que quand j'ai indiqué les progrès et les améliorations qni ont été apportées à la diffusion, j'ai mentionné d'abord la surveillance plus attentive des conditions essentielles de sa réussite; et j'ai ajouté qu'il avait été adapté à nos vases des allonges coniques pour éviter l'effet des angles des vases, qui font obstacle à la diffusion, de sorte qu'elle ne se fait qu'incomplétement. Si donc on a eu des vases d'un diamètre colossal, à fond faiblement courbe, comme à Waghausel, on comprendra aisément que dans ce cas il se soit produit de plus grandes pertes de sucre dans les angles des vases. Il n'a jamais été affirmé que la diffusion donnât un rendement de sucre plus grand que la macération Schutzenbach. Nous avons dit, au contraire, que les avantages présentés par la diffusion sur la macération étaient d'un tout autre ordre; qu'ils consistaient dans un jus meilleur, dans un système d'appareils plus simple et moins coûteux, etc.

Si avec les appareils que vous aviez à Waghausel, en outre d'un rendement inférieur en sucre, vous avez obtenu de mauvais jus, cela doit avoir tenu encore à d'autres vices; car ailleurs, avec le système de la diffusion, nous n'avons obtenu que des résultats extraordinairement favorables. Si maintenant, à ces résultats favorables, vous opposez des résultats défavorables obtenus à Waghausel, il n'y a qu'une explication possible. M. d'Ecker aura cru que vous travailliez exactement comme l'exige le procédé de la diffusion, tandis que par le fait vous suiviez vos propres idées. Je finis en répondant à une autre observation de M. Reimann, à celle que la compression des résidus n'avait aucun avenir, parce qu'il est comme impossible d'enlever quelque chose aux tranches diffusées. Ce doute exprimé par M. le chimiste provient probablement de ce que les essais à Waghausel n'ont pas duré assez longtemps, pour qu'il ait pu se pénétrer suffisamment de la diffusion, sans cela il aurait vu que les tranches diffusées se comportent d'une manière bien différente des tranches fraîches de betteraves. Si on retire de l'appareil de diffusion une poignée de résidus, et si on la presse dans la main, l'eau s'en échappe en grande quantité entre les doigts. Il suffit d'avoir suivi pendant très-peu de temps la diffusion avec attention pour se convaincre de la grande différence qu'il y a entre les tranches diffusées et les autres. Essayez de presser dans la main des tranches de betteraves fraîches, et vous presserez longtemps avant d'arriver au moindre résultat.

M. SEIFFERT. — La question me paraît extrêmement importante, et les résultats qui sont énoncés sont certainement très-remarquables. Les uns sont pour la diffusion, les autres contre. J'avoue très-sincèrement que je souhaiterais d'y voir un peu plus clair. Si je fais quelques objections à M. Scheibler, je ne parle pas d'après moi, mais d'après un autre chimiste, dont la réputation est parfaitement établie au point de vue agricole.

J'ai demandé à M. le docteur Brettschneider ce qu'il pensait du principe de la diffusion, et il m'a dit que dans tous les cas l'eau chaude devait dissoudre plus de sel que l'eau froide ; c'est ce que M. le docteur Scheibler conteste. Je ne sais pas qui a raison. M. le docteur Brettschneider prétend que la diffusion à l'eau chaude doit décidément marcher plus lentement, être plus difficile que la diffusion à l'eau froide, parce que l'eau chaude coagule l'albumine dans les cellules; l'albumine se dépose autour des cellules et rend la sortie du jus plus difficile. Si la diffusion ne durait pas si longtemps, la sortie du jus se ferait dans de mauvaises conditions. Ce n'est que par la durée du temps

que le jus est extrait. Je raconte simplement ici ce qui m'a
été dit ; je ne suis pas compétent pour juger ; cependant il
faut savoir ce qu'il y a de vrai dans tout cela. Quant à ce
qui concerne les résidus, on a dit ici que les résidus sont
bons, et que les moutons en sont satisfaits. Or, messieurs,
on pourrait peut-être dire que cette nourriture convient
aux bêtes à cornes ; mais quant aux moutons, je ne conseil-
lerais pas de leur donner longtemps de ces résidus avec
de si immenses quantités d'eau. On a aussi prétendu qu'en
comprimant à 40 et 30 pour 100, il s'écoule toujours de
l'eau pure ; cela ne me semble pas tout à fait exact. S'il
est vrai que l'albumine reste dans les résidus et ne s'en
échappe pas, je crois pourtant que par la compression une
partie de l'albumine doit être éliminée avec l'eau. Quand
on a dit qu'il faudrait faire une expérience comparative
avec la macération à froid, on a dit une chose grandement
à désirer ; mais les frais d'établissement de la diffusion sont
bien plus considérables que ceux de la macération à froid
de Schutzenbach. Je voudrais savoir de M. Schöttler, si
l'opinion que je viens de citer est juste ou non.

M. Schoettler. — J'ai à justifier M. d'Ecker en présence des accusations de ces messieurs de Waghausel. Je
dois confirmer ce qu'a dit M. Riedel. A l'époque dont il
s'agit, M. d'Ecker est venu me voir ; il revenait de Waghausel ; il était désespéré ; il me dit qu'il avait fait la folie
de trop se soumettre aux dispositions et aux désirs de ces
messieurs : les vases ne pouvaient absolument pas servir ;
et d'ailleurs, il n'avait rien pu mener à bonne fin, parce
que ces messieurs s'étaient partout trouvés sur son chemin.
Je ne fais que rapporter ce que m'a dit M. d'Ecker.

M. LE PROFESSEUR SIEMENS. — Ce que j'entends ici de la diffusion et de la macération ne fait en général que confirmer ce que je disais, il y a deux ans, c'est-à-dire qu'avec la macération on peut arriver à des résultats brillants, et à des mauvais résultats quand on a de mauvaises betteraves. Le reproche fait ici à la diffusion, où la température ne dépasse pas 60 degrés, me paraît reposer sur un faux principe. D'après ce que nous avons entendu de Waghausel, les résultats sont mauvais à cause de la mauvaise qualité des betteraves que l'on y achète comparativement à celles de meilleure qualité que l'on traite ici à Magdebourg.

M. REIMANN. — Messieurs, il a été formulé tant d'objections que je ne peux pas les réfuter toutes. Je dois d'abord réunir les deux questions de M. le professeur Siemens et du docteur Rose. L'un de ces messieurs a dit qu'il avait eu tant pour cent du sucre des betteraves. Je veux savoir combien il y avait de sucre dans les betteraves, c'est pourquoi j'ai donné un rapport ; sur cent pour cent de sucre dans les betteraves, nous perdions tant de sucre. J'ai indiqué les résultats pratiques pour les fabricants de sucre.

J'ai à me défendre encore sur un autre point, qui concerne spécialement notre fabrique : M. d'Ecker nous a attaqué de manière à me forcer de lui répondre. J'affirme qu'il a consenti à tout et tout approuvé ; nous avons fait tous nos efforts, parce que nous voulions gagner beaucoup d'argent, et cependant nous n'avons pas réussi. Je renonce maintenant à la parole. J'ai cité des faits ; ceux qui voient juste peuvent être convaincus de leur vérité.

M. R. RIEDEL. — Messieurs, en présence de jugements aussi divergents, et des faits affirmés par M. Reimann de Waghausel, il est très-difficile de continuer à défendre la diffusion avec les moyens que nous préférerions employer. On s'est appuyé de résultats pratiques, j'opposerai à ses insuccès les succès d'une grande usine qui prouve pratiquement les avantages réels de la diffusion. C'est l'usine de Czakowitz. Là, sous une même clôture, il y a deux fabriques appartenant au même propriétaire; l'une travaille à la diffusion, l'autre à la presse, dans des circonstances identiques; elles traitent des betteraves tirées des mêmes champs. Les fabriques sont sous la direction d'un homme dont la réputation connue ne permet pas d'admettre que la fabrique à la presse ait été exploitée négligemment. Celle de ces fabriques qui travaille à la diffusion a eu exactement 1 1/2 pour 100 de sucre blanc de plus que celle à la presse. Si vous voulez le contester, il faut que vous contestiez les livres d'exploitation de la fabrique qui accusent ce résultat. Je cite cela pour vous prémunir par un exemple pratique contre un autre exemple pratique.

Quant aux inductions de M. Seiffert, je me permettrai d'y ajouter que l'on doit juger la diffusion d'après la théorie pure de l'osmose. On peut considérer les essais de travail à froid, comme ayant complétement échoué. Il est vrai que nous diffusionnons aussi à froid, mais ce n'est qu'après avoir préalablement chauffé les tranches à une température de 40 à 50 degrés; leur température s'abaisse d'abord; elles la perdent ensuite, et c'est alors que se produit l'extraction à l'eau froide. L'état physique des tranches de betteraves se trouve changé après que l'eau chaude a passé sur elles. Si j'avais voulu accorder à la macération à froid de Schutzenbach la préférence sur la diffusion, je me serais d'abord exprimé autrement que je ne l'ai fait. J'ai voulu dire seulement que je place très-haut la macération Schützenbach quand il s'agit d'extraire les jus de la bouillie de betteraves, et aussi parce qu'elle laisse très-peu de sucre dans les résidus. Mais je conteste l'assertion de M. Seiffert que les frais d'établissement de la macération Schutzenbach soient inférieurs à ceux de la diffusion.

M. LE DOCTEUR SCHEIBLER. — En présence des communications de M. Seiffert, je dois seulement dire que dans mes observations sur la diffusion, ni maintenant, ni avant, je n'ai rien dit de la température de l'eau. Je me suis simplement déclaré partisan de la diffusion, par des motifs purement théoriques. Ce sont ces motifs que j'ai tâché de populariser dans le journal de l'association. J'ai comparé la marche de la diffusion à ce qui se produit dans un tamisage ; j'ai dit que tous les corps dont les molécules qui, comme l'albumine, ont un volume plus petit que celui des molécules des autres corps, doivent se diffuser rapidement ; et qu'au point de vue théorique, le procédé de la diffusion est le plus rationnel de tous ; qu'au contraire les procédés qui commencent par déchirer les cellules de la betterave, sont de simples procédés de lavage.

M. SEIFFERT. — Je crois volontiers ce qui a été affirmé, que la cellule de la betterave se vide plutôt à chaud qu'à froid ; c'est précisément ce que j'avais demandé.

M. LE DOCTEUR SCHEIBLER. — Dans la diffusion, les sels abandonnent la cellule, aussi bien que dans tout autre procédé de lavage ; mais dans les autres procédés, c'est un fait incontestable qu'ils sont emportés par les jus, tandis que pour la diffusion cela est douteux dans de certaines circonstances.

M. Burbach (de Waghausel). — Je suis forcé de revenir encore sur les installations de Waghausel. M. d'Ecker s'est présenté chez nous avec une lettre de recommandation, et nous a offert le procédé de diffusion, à une époque où nous avions exprimé l'intention de l'appliquer en partie. Il a vu les appareils ; il a déclaré qu'ils étaient dans de bonnes conditions, non pas seulement pour des essais, mais encore pour un travail suivi. Je suis allé avec un homme du métier à Seelowitz, et je dois dire que le procédé nous a plu à tous deux. M. d'Ecker nous a indiqué comment l'appareil devait être établi, et cela s'est fait. Il est venu ensuite sans être appelé, et il a fait des essais chez nous. En arrivant, il a trouvé que ce qu'il avait fait faire était en partie défectueux, et que des expériences faites ultérieurement, à Seelowitz, l'obligeaient à demander des modifications ; on les a faites. Le travail a commencé sous ses ordres, avec les mauvais résultats que M. Reimann vous a fait connaître.

XIV

DE LA COMPOSITION DES RÉSIDUS

OBTENUS PAR LE PROCÉDÉ DE LA DIFFUSION DANS LES FABRIQUES DE SUCRE DE BETTERAVES, ET DE LEUR VALEUR AU POINT DE VUE DE L'ALIMENTATION,

PAR

le professeur W. WICKE.

—————

Le procédé de diffusion de M. Jules Robert de Seelo-witz, pour l'extraction du jus des betteraves, est considéré par les gens compétents comme tellement avantageux, qu'il est évident que son emploi ne tardera pas à se généraliser. Il est surtout reconnu que les frais d'établissement et de main-d'œuvre sont de beaucoup moindres qu'avec les autres méthodes d'extraction du jus. Entre autres dépenses, celle des sacs, qui, on le sait, était considérable, se trouve complétement supprimée ; le personnel des ouvriers est, en outre, considérablement réduit, et l'on obtient, aux moindres frais possible, la totalité du jus contenu dans la matière première. Ajoutons que le jus est très-pur et se distingue par la faible proportion de matières albuminoïdes qu'il contient. Ce sont là des avantages de grande importance qui recommandent aux fabricants le procédé encore tout nouveau de la diffusion.

On sait que les betteraves, pour être traitées par le procédé de la diffusion, ne sont point broyées et réduites en bouillie : on les coupe par tranches étroites et très-minces, ayant 3 à 5 pouces de longueur, sur 1/2 pouce environ de largeur et 1 millimètre d'épaisseur. Cela se fait au moyen d'une machine appelée la trancheuse. Les tranches ainsi obtenues sont destinées à être épuisées de jus dans les diffuseurs. Ces diffuseurs sont des cylindres verticaux, capables de contenir de 22 à 23 quintaux de tranches; un certain nombre de ces vaisseaux, de cinq à huit, reliés entre eux, composent une batterie dont la manœuvre ne présente aucune difficulté, non plus que la diffusion des tranches. Mais l'eau qui sert à cette diffusion doit avoir une température déterminée. C'est de cela que dépend essentiellement l'obtention d'un bon jus et le travail avantageux de ce dernier.

La fabrique de sucre de betteraves qui fut créée l'an dernier à Einbeck, et qui appartient maintenant à M. l'ingénieur Schroeder, de Brunswick, est établie sur le principe de la diffusion. Les expériences faites pendant la campagne, d'après les communications du directeur technique de la fabrique, M. Harmening, ont été telles que l'on a pu se dire parfaitement satisfait du rendement de la fabrication, malgré différentes circonstances défavorables. Des changements devenus nécessaires dans les bâtiments ont retardé considérablement l'ouverture de la campagne, laquelle, par conséquent, n'a pu être terminée qu'à la fin de mars, quand déjà les betteraves avaient considérablement souffert, et subi une perte notable en titre sucré. Les racines avaient aussi été privées des soins nécessaires pendant leur séjour dans la terre ; car la main-d'œuvre manquait par suite des circonstances politiques. Malgré cela, leur titre en sucre était fort satisfaisant, puisque la polarisation du jus était en moyenne de 10 à 12 pour 100. On avait exprimé la crainte que le sol d'Einbeck ne fût défavorable à la culture de la betterave ; cette crainte était sans fondement.

La fabrique éprouva des difficultés à vendre les tranches diffusées. Les agriculteurs, auxquels le nouvel aliment était inconnu, refusèrent de l'acheter. L'opinion qu'il n'avait aucune valeur s'était répandue parmi eux. La circonstance que les tranches *non pressées* n'ont pas pu se vendre dans les environs, comme l'aurait exigé l'intérêt de la fabrique, aura peut-être été très-heureuse au point de vue de l'avenir ; car il en est résulté que la marchandise s'est sensiblement améliorée par suite de l'expulsion par la presse d'une grande quantité d'eau. Or, les avantages de cette circonstance, au point de vue du transport, sont évidents. En outre, les tranches, par suite de leur conservation, sont devenues plus propres à l'alimentation, et n'ont produit aucun dérangement diététique.

Les tranches, en quittant les diffuseurs, contiennent de 94 à 96 pour 100 d'eau ; le maximum de matière sèche qu'elles peuvent avoir, en laissant l'eau s'écouler librement, ne paraît pas dépasser 8 1/2 pour 100. Du moins, le docteur Kuhn, de Brunswick, a trouvé que ce chiffre restait à peu près constant, après plusieurs semaines d'égouttage dans les fosses. Des tranches, soumises au transport par voiture pendant plusieurs heures, et, de plus, à des secousses en chemin de fer pendant une demi-journée, laissaient encore l'eau s'échapper abondamment. Après être restées de quatre à onze semaines dans les fosses, elles ne contenaient pas plus de 8 1/2 pour 100 de substances solides.

Leur excessive hydratation s'est montrée surtout nuisible en hiver. Un lot qui, étant resté un certain temps exposé à l'air, s'était trouvé alternativement gelé et dégelé, fut avarié au point qu'une moitié se trouva hors de service. Il fallut rejeter toute la couche supérieure jusqu'à une profondeur de 1 pied : sur les côtés aussi, tout était gâté jusqu'à une distance de 1/2 pied de la paroi.

En admettant qué, par l'établissement de fosses très-profondes, ou par une forte augmentation de la pression, ou peut-être encore par l'interposition de couches de sel, l'on parvienne à ramener à 10 pour 100 le titre en matière sèche ou solide, ces résidus n'en seraient pas moins à cet égard fort inférieurs à ceux des presses. Un mouton consommant 2 1/2 kilogr. de résidus de presse, contenant 32 pour 100 de matières solides, devra, pour consommer une quantité équivalente, manger 8 kilog. de résidus de diffusion. Pour un bœuf à qui on donne 20 kilog. de résidus de presse, il faudra 64 kilogr. de tranches. Si on admet comme régulière la proportion de 8 1/2 pour 100, l'équivalent en résidus de tranches serait

Pour 5 kilog. de résidus de presse... 18,8 kil. de tranches.
— 20 — — 75,2 —

M. Kuhn joint à ces chiffres les observations suivantes, qui ont bien leur importance :

« Il est clair que l'assimilation d'une quantité d'eau si considérable ne peut pas être sans influence sur le bétail engraissé A part le fait que les tranches sont à peine échauffées par leur faible fermentation, que, par conséquent, elles sont à la température du sol, que leur eau, que l'animal prend avec elles, doit être amenée à la température du corps aux dépens des autres aliments utiles, pour abandonner ensuite le corps à l'état d'urine étendue d'eau ; — tandis que, au contraire, les résidus de presses, sortant des fosses, ont une température plus élevée ; — à part tout cela, il doit encore se produire, avec le temps, d'autres conséquences diététiques. »

Et, en effet, ces conséquences se sont produites. En donnant des rations qui n'étaient nullement démesurées, il se manifesta un ramollissement sensible des excréments. Bien que la santé des animaux n'en ait pas souffert, ce n'en est pas moins une perte évidente pour le producteur ; car les aliments n'étaient qu'imparfaitement digérés par les animaux. La preuve en a été donnée par la pesée des excréments, libres de paille, produits par des moutons nourris de résidus de presse, et par ceux nourris de résidus de diffusion. Les animaux, 16 mérinos southdown, avaient été partagés en deux groupes, chacun de 4 moutons et de 4 brebis. Dans les deux groupes, les aliments furent exactement les mêmes, sauf que 0,8 kilog. de résidus de presses donnés aux animaux du premier groupe furent remplacés par 3 1/4 kilogr. de résidus de diffusion dans le second groupe. On peut voir tous les détails de ces expériences dans le rapport fait par le docteur Kuhn à l'Association agricole et forestière de Brunswick, numéros 5 et 6 des publications de 1866-67, et page 55 de cette brochure. Il suffit ici que j'indique quel a été le rapport des excréments libres de paille et de la substance sèche dans les deux sections ou groupes.

Premier groupe, nourri avec des résidus de presse :
895 kilog. d'excréments avec substance solide........ 276,5 kilog.

Second groupe, nourri avec des résidus de diffusion :
1535 kilog. d'excréments avec substance solide....... 314,75 kilog.

En conséquence les tranches ont donné lieu à une production d'excréments solides de 14 pour 100 plus forte que les résidus de presse, ce qui est un indice d'une utilisation moins complète des aliments. Or, la digestibilité des éléments alimentaires des tranches ne pouvait guère différer de la digestibilité de ceux contenus dans les résidus de presse; de plus, tous les autres éléments de la ration, y compris la paille, étaient les mêmes pour les deux groupes; enfin, la consommation de la paille ayant été dans le deuxième groupe moindre que dans le premier, on doit en conclure que c'est à la différence d'hydratation de l'aliment que l'on doit rapporter la différence dans l'assimilation, l'influence nuisible de cette hydratation étant surtout sensible dans les mois froids de l'hiver. Pour mieux le prouver je cite encore ce fait que, dans les onze semaines d'expériences, la consommation totale de l'eau, directe ou indirecte, a été :

Pour le premier groupe de 1610,2 kilog. dont 1077,3 directement
Pour le second   —   2513,8   30,2   —

Ce dernier chiffre étant tout à fait insignifiant, la consommation totale correspond pour le

Premier groupe à 8 pour 100 du poids de l'animal vif

Second — 13 —

Ainsi pour chaque kilo de substance solide, il a été consommé

Par le premier groupe 2,08 kilog. d'eau, et

Par le second — 3,33 —

Le premier soin, le soin principal des fabricants de sucre doit donc être de débarrasser les résidus des tranches de cette eau en excès.

Cette obligation, justifiée par les faits constatés dans les essais d'alimentation, M. Schöttler s'est efforcé de la remplir dans sa fabrique d'Einbeck. Il a soumis ses résidus à la pression, et il a ramené leur titre en substance solide à 13 ou 14 pour 100.

On a soumis à l'analyse des échantillons de résidus pris dans les grands tas emmagasinés dans la fabrique. En voici le résultat :

1° ANALYSE DES RÉSIDUS DE LA DIFFUSION DE FÉVRIER

Substances azotées (protéiques)............		1,20 pour 100
Graisses............................		0,16
Sucre..............................		0,93
Autres substances non azotées...........		4,70
Fibre ligneuse.......................		3,06
Eau...............................		86,24
Cendres	Sels minéraux....... 1,00	3,50
	Sable et argile...... 2,50	

100,00 pour 100

COMPOSITION DE LA CENDRE.

Potasse................................	0,10 pour 100
Soude.................................	0,02
Chaux.................................	0,26
Magnésie..............................	0,05
Oxyde de fer..........................	0,07
Alumine...............................	0,08
Acide sulfurique......................	0,01
Acide phosphorique....................	0,03
Acide carbonique......................	0,19
Chlore................................	0,01
Silice soluble........................	0,21
Sable et argile.......................	2,50
	3,50 pour 100

2° ANALYSE DES RÉSIDUS DE DIFFUSION DU 13 MARS.

Substances azotées (protéiques)........	0,76 pour 100
Graisse...............................	0,15
Sucre.................................	0,35
Autres substances non azotées..........	6,55
Fibre ligneuse........................	2,18
Eau...................................	87,11
Cendres { Sels minéraux...... 1,03 } { Sable et argile...... 1,87 }	2,90
	100,00 pour 100

COMPOSITION DE LA CENDRE.

Alcalis...............................	0,14 pour 100
Chaux.................................	0,28
Magnésie..............................	0,06
Oxyde de fer..........................	0,05
Alumine...............................	0,11
Acide phosphorique....................	0,06
— sulfurique..........................	0,03
— carbonique..........................	0,15
Chlore................................	traces
Silice soluble........................	0,15
Sable et argile.......................	1,87
	2,50 pour 100

Le titre des résidus en sucre a été fréquemment déterminé dans la fabrique. D'après les communications qui m'ont été faites à cet égard le 10 mars, le minimum était alors de 0,135 pour 100 sur 10,5 pour 100 de sucre dans les betteraves; le maximum de 0,8 pour 100 sur 11,04 pour 100 de sucre. Les chiffres indiqués par les analyses ont été trouvés à l'aide de la dissolution Fehling.

Pour la détermination de la fibre ligneuse, on s'est servi de la méthode de Krocker, et on a fait la déduction des cendres.

Quant aux autres déterminations, elles ne donnent lieu à aucune observation.

Il ne faut pas attribuer à l'insuffisance du lavage la quantité proportionnellement grande de sable et d'argile. L'un des caractères du sol est ici d'adhérer très-fortement quand il est humide.

Si nous prenons pour base un prix moyen de 20 sgr. pour 50 kilog. d'avoine, afin de pouvoir calculer la valeur des résidus alimentaires de la diffusion, nous trouvons que le prix d'un 1/2 kilo de substances protéiques sera de 18   pfenning
celui des substances non azotées . . . 3   —
et celui de la graisse de . . . . . . 7 1/2   —

D'après cela, la valeur en argent des résidus analysés le 9 février sera :

Substances azotées....... $1,29 \times 18$ $= 23$ pf.
Substances non azotées... $5,72 \times 3$ $= 17$ —
Graisse.............. $0,16 \times 7 1/2 = 1$ —
                                          41 pf.

Et de ceux analysés le 13 mars :

Substances azotées......... $0{,}76 \times 18 \qquad = 14$ pf.
Substances non azotées.. $6{,}90 \times 3 \qquad = 20$ —
Graisse.................... $0{,}15 \times 7\,1/2 = 1$ —

$\qquad\qquad\qquad\qquad\qquad\qquad\qquad$ 35 pf.

Or, dans la première période les résidus ont été vendus 4 sgr. aux fournisseurs des betteraves, prix qui est justifié par leur composition.

Mais ce qui résulte aussi des analyses, c'est qu'on ne peut pas assigner à ces résidus un prix immuable pour toute la campagne, et qu'à des époques plus avancées, dès que la campagne se prolonge extraordinairement comme il est arrivé cette année à la fabrique d'Einbeck, il faut consentir à des réductions de prix. Les résidus des presses ou de la diffusion qui sont produits à la fin de la campagne valent toujours moins, parce que le réveil de la végétation fait perdre aux betteraves une partie de leurs éléments alimentaires. Cette circonstance a une grande importance pour les acheteurs, qui sont indépendants de la fabrique qui n'en sont ni actionnaires ni fournisseurs.

XV

EXTRAIT

DU JOURNAL DE L'INDUSTRIE DU SUCRE DE BETTERAVES
DE L'ANNÉE 1867 (N° 146).

Dans l'assemblée générale de la section brunswickoise de l'Industrie du sucre de betteraves, tenue le 5 décembre, il a été présenté par différents fabricants, relativement au procédé de la diffusion, des rapports qui tous sans exception sont favorables. Nous en extrayons ce qu'ils offrent de plus remarquable.

— M. W. Bautler qui a dirigé les débats du procédé de la diffusion, a commencé par exposer en détail l'historique de cette méthode d'extraction du jus. Il a ensuite rappelé qu'ayant fait une visite à la fabrique de M. Schoettler à Einbeck, il a été surtout surpris de la propreté et de l'absence de bruit, alors que la fabrication est en pleine activité. C'est un grand avantage qu'aucune autre méthode d'extraction du jus ne procure au même degré, et qui met à l'abri de beaucoup de pertes de jus causées mécaniquement, celles, par exemple, qui se produisent quand on opère par l'ancien procédé de la presse.

— M. Knauer (Hesse), se plaçant au point de vue de la

question du prix de revient de la main-d'œuvre, question de jour en jour plus brûlante, a surtout insisté sur ce fait que le procédé eu question exige, comparativement aux autres, un bien moindre nombre d'ouvriers. Il fait remarquer en outre que la fabrique à diffusion de Wulferstedt fournit un sucre de qualité supérieure, malgré que l'eau employée dans l'usine soit d'une qualité reconnue mauvaise.

— M. Klamroth a fait ressortir que la quantité de la masse cuite, comparativement à la richesse des betteraves traitées, est sensiblement plus élevée que dans les fabriques qui emploient d'autres méthodes d'extraction du jus. Ce n'est pas que la masse cuite contienne davantage de matières non sucrées; et en effet des analyses exactes ont fait connaître que les résidus de diffusion sont plus riches en matières azotées que les autres résidus, et que par conséquent leur valeur nutritive est plus grande.

— M. le docteur Scheibler, chimiste de l'Association, présent à la réunion, ajouta que l'extraction des jus par diffusion l'emportait encore par ce fait qu'il fournit aux chaudières à défécation un jus plus parfaitement dépouillé de la matière fibreuse de la betterave; que par suite on ne voyait plus se former dans l'acte de la défécation les sels métapectiques, auxquels donne naissance l'action de la chaux ou des alcalis sur la pectose de ces fibres. En transformant artificiellement la pectose en métapectate de chaux, il a obtenu une combinaison que l'on trouve dans les jus de première cuite de toutes les fabriques qui travaillent d'après d'autres méthodes que la diffusion. Cette combinaison, par suite de ses propriétés, doit être considérée comme l'une des sources principales de la production de

mélasse. Il s'est réservé de donner des détails plus circons-
tanciés dans le journal de l'Association.

— M. Schöttler s'attachant au degré d'hydratation élevé
des résidus, qui a été jusqu'ici le plus grand obstacle à
l'adoption plus générale du procédé de la diffusion, fait
remarquer que la presse construite dans sa fabrique de
machines (sous la raison fr. Seele et Cie, à Brunswick), répond à toutes les exigences. En 20 ou 21 heures de travail,
cette presse réduit 750 quintaux de résidus, à 38 ou 40
pour 100 du poids de la betterave. Ce poids peut encore
être réduit de 30 pour 100 environ ; mais ce ne serait pas
prudent, parce que la valeur nutritive des résidus en souf-
frirait ; on expulserait en effet, en même temps que l'eau,
des matières nutritives dans une proportion sensible.
M. Schöttler a ensuite distribué aux membres de l'Association un mémoire sur le procédé de la diffusion qu'on
trouvera ci-après.

XVI

COMMUNICATION

FAITE A L'ASSEMBLÉE GÉNÉRALE A LA RÉUNION A BRUNSWICK DE
L'ASSOCIATION BETTERAVIÈRE DU ZOLLVEREIN,

Par M. F. W. SCHÖTTLER, de Brunswick.

COMPARAISON DU PROCÉDÉ DE LA DIFFUSION AVEC LES AUTRES PROCÉDÉS USITÉS DANS LES FABRIQUES DE SUCRE POUR L'EXTRACTION DES JUS DE LA BETTERAVE.

———

J'ai déjà publié un « Essai justificatif de l'économie et des avantages que présente le procédé de la diffusion sur le procédé de la presse, pour extraire les jus. »

Je vais donner maintenant les résultats que j'ai obtenus pendant la présente campagne dans l'exploitation, parfaitement régulière et non interrompue, de ma fabrique d'Einbeck. J'y ai joint les résultats obtenus dans d'autres fabriques, tels que leurs directeurs me les ont communiqués.

La diffusion peut se passer de réclames; aussi le but de mes communications n'a nullement été d'en faire. J'ai voulu seulement rectifier les idées sur ce procédé encore si peu connu, et par suite si vivement attaqué. Je crois par là être utile à notre industrie dont la position est si peu brillante.

TABLEAU

[De la polarisation des jus, résidus non pressés et eau de désucration des betteraves; ainsi que des masses cuites (1re cuite) de la fabrique de M. F. W. Schöttler à Einbeck.

1re SEMAINE				2e SEMAINE				3e SEMAINE.				4e SEMAINE				5e SEMAINE			
Jour.	Jus de betteraves.	Résidus.	Eau de désucration.	Jour.	Jus de betteraves.	Résidus.	Eau de désucration.	Jour.	Jus de betteraves.	Résidus.	Eau de désucration.	Jour.	Jus de betteraves.	Résidus.	Eau de désucration.	Jour.	Jus de betteraves.	Résidus.	Eau de désucration.
17 oct.	12,27	0,97	0,09	21 oct.	12,51	0,14	0,00	28 oct.	12,10	0,31	0,14	4 nov.	12,63	0,06	—	11 nov.			
	—	0,25	—		12,27	0,29	0,00		12,36	0,17			12,10	0,29	—	12 —			
18 —	12,36	0,00	0,06	22 —	12,10	0,28	0,00	29 —	12,04	0,20	0,09	5 —	11,98	0,10	0,09	13 —			
		0,00	0,00		12,24	0,29	0,00		12,36	0,29	0,06		12,50	0,29	—	14 —			
19 —				23 —	12,36	0,68	0,00	30 —	12,89	0,28	0,09	6 —	12,36	0,35	0,14	15 —			
	12,69	0,43	0,03		12,21	0,46	0,09		12,36	0,57	0,14		12,63		0,26	16 —			
	13,00	0,29	0,04	24 —	12,30	0,29	0,14	31 —	12,56	0,29	0,29	7 —	12,63	0,85	0,25				
					12,39	0,40	0,29		12,24	0,54			12,59	0,57	0,26				
				25 —	12,39	0,47		1 nov.	12,89	0,26	0,14	8 —	11,98	0,54	0,09				
					12,10	0,50	0,06		12,10	0,14	0,29		11,93	0,29	0,09				
				26 —	12,16	0,20	0,06	2 —	12,13	0,40	0,14	9 —	12,10	0,55	0,06				
					11,98	0,29			12,50	0,14			12,36	0,23	0,09				
	50,32	1,94	0,16		147,01	4,00	0,35		148,52	3,60	1,58		147,84	3,93	3,33		146,73		

SOIT EN MOYENNE

1re SEMAINE				2e SEMAINE				3e SEMAINE				4e SEMAINE				5e SEMAINE		
	12,58	0,32	0,03		12,35	0,33	0,03		12,38	0,30	0,14		12,32	0,36	0,11		12,23	

DONT EN MASSE CUITE

12,55 pour 100	12,26 pour 100	12,95 pour 100	12,84 pour 100	12,24 pour 100

OBSERVATIONS SUR LES RÉSULTATS QUI PRÉCÈDENT.

Les analyses polarimétriques se font tous les jours, régulièrement, moitié le matin, moitié l'après-midi; de plus l'inspecteur de nuit en fait aussi le soir pour son instruction.

L'appareil de polarisation est un Ventzke-Soleil, qui a été pris à Berlin, sur les indications du docteur Scheibler.

Les betteraves coupées sortent de telle façon que dans quelques instants, on puisse retirer plusieurs livres de tranches du coupe-racines. De même, aussitôt que les diffuseurs sont vidés, on peut prendre les résidus par poignées en différents endroits. On a pris jusqu'ici l'eau de macération à des moments différents d'écoulement; mais dans mes recherches ultérieures elle sera examinée au commencement, au milieu et à la fin de son écoulement.

On a pu chaque fois attribuer la présence dans les résidus d'une quantité anormale de sucre à quelque irrégularité dans le travail. La moindre quantité de masse-cuite des premiers jours de la campagne est provenue d'une foule d'erreurs commises dans les commencements par des ouvriers presque tout à fait étrangers au travail. Pendant la seconde et la cinquième semaine, cette quantité est aussi proportionnellement moindre, ce qui doit s'expliquer peut-être par ce fait que les betteraves traitées pendant ces deux semaines, sont provenues surtout de champs à sol argileux, que deux machines de lavage ne parvenaient pas à laver complétement, en sorte que l'on dut inévitablement payer les droits sur une certaine quantité de terre retenue par les betteraves, et la soumettre au travail.

TABLEAU

DU TITRE POLARIMÉTRIQUE DES JUS, RÉSIDUS NON PRESSÉS
ET EAU DE MACÉRATION DES BETTERAVES, AINSI QUE DES
MASSES-CUITES, DE LA FABRIQUE DE M. F. W. SCHÖTT-
LER, A EINBECK.

	6e SEMAINE				7e SEMAINE		
Jours.	Jus de betteraves.	Résidus	Eau de macération.	Jours.	Jus de betteraves.	Résidus	Eau de désucration.
18 Nov.	12,24	0,14	0,00	25 Nov.	11,98	0,17	0,16
	12,63	0,40	0,03		11,71	0,29	»
19 —	12,69	0,57	0,14	26 —	11,84	0,40	0,11
	12,10	0,66	0,11		11,84	0,35	0,26
20 —	12,59	0,14	0,13	27 —	12,36	0,29	0,14
	12,36	0,23	0,13		12,42	0,14	0,14
21 —	12,69	0,70	0,13	28 —	11,57	0,20	0,14
	11,50	0,26	0,09		12,10	0,38	0,14
22 —	11,04	0,29	0,17	29 —	11,57	»	»
	12,10	0,29	0,14		9,71	0,20	»
23 —	12,24	0,29	0,00	30 —	11,71	0,57	0,14
	12,10	0,11	0,00		11,18	0,14	0,09
	146,88	4,08	1,27		139,99	3,13	1,32

SOIT, EN MOYENNE

	6e SEMAINE				7e SEMAINE		
	12,24	0,34	0,11		11,67	0,26	0,11

MASSE-CUITE

12,32 pour 100.　　　　12,10 pour 100.

Dans ces deux semaines on a travaillé sans ôter les têtes

10

des betteraves, et elles ont été amenées directement par l'élévateur de la machine à laver, à la balance des taxes.

TABLEAU I.

DES OUVRIERS ET DES SALAIRES DANS LA FABRIQUE DE SUCRE DE F. W. SCHÖTTLER, A EINBECK, DEPUIS LA BALANCE DES TAXES INCLUSIVEMENT JUSQU'A LA CHAUDIÈRE DE DÉFÉCATION POUR UN TOUR ET UN TRAVAIL DE 650 QUINTAUX DE BETTERAVES.

Poste.	NATURE DU TRAVAIL.	Nombre.	OUVRIERS.	Salaire.	Thalers.
1	Balance des taxes........	1	Homme.	12	0,12
	Porteur à la machine à tranches.............	1	Fort garçon.	10	0,10
2	Chaudières à chauffer...	1	Homme.	12	0,12
3	Diffuseurs supérieurs.				
	Inspecteur.............	1	Homme.	14	0,14
	dito	4	Hommes.	13	1,22
	dito	1	Garçon.	8	0,8
4	Diffusion inférieure.				
	Inspecteur.............	3	Hommes.	12	1,6
	dito.............	1	Garçon.	8	0,8
5	Presses.............	3	Hommes.	13	1,9
	dito	2	Garçons.	8	0,16
	Total.........	18			6,27

Soit, en moyenne par quintal de betteraves, 3,2 pfennigs.

Il faut observer :

Qu'au poste 3 on a mis un homme qui disparaîtra à la prochaine campagne.

Qu'au poste 4, des circonstances locales défavorables rendent nécessaire l'emploi d'un jeune garçon qui autrement serait de trop.

Enfin qu'au poste 5, en plaçant les presses convenablement, un homme aussi serait de trop.

Il faut encore remarquer que le travail de la presse ne fait pas nécessairement partie de la diffusion, et n'existe pas encore dans la plupart des fabriques de cette espèce.

Observons enfin qu'une grande exploitation, par exemple de 1000 quintaux par jour, n'exige que peu de personnes de plus, et que le salaire ci-dessus revient au plus à 2 1/2 pfennigs.

TABLEAU II.

DES OUVRIERS ET DES SALAIRES DEPUIS LA BALANCE DES TAXES INCLUSIVEMENT JUSQU'A LA CHAUDIÈRE DE DÉFÉCATION DANS UNE FABRIQUE NE TRAVAILLANT QU'AVEC DES PRESSES POUR UN TOUR ET UN TRAVAIL DE 600 QUINTAUX.

Poste.	NATURE DU TRAVAIL.	Nombre.	OUVRIERS.	Salaire.	Thalers.
1	Balance des taxes.........	1	Homme.	15	0,15
2	Jeteur à la râpe.........	1	Jeune garçon.	10	0,10
3	Cuve des bouillies.........	1	dito.	11	0,11
4	Remplir les bouillies.....	2	dito.	12	0,24
5	Faiseurs de tourteaux....	8	Femmes.	10	2,20
6	Metteurs.............	2	Hommes.	15	1,00
7	Déballeurs.............	2	dito.	14	0,28
8	Présenteurs.............	2	dito.	13	0,26
9	Déballeurs derrière les presses.........	2	Jeunes garçons	10	0,20
10	Éplucheurs.............	2	dito.	9	0,18
11	Trieurs et porteurs......	12	Femmes et jeunes garçons.	9	3,18
12	Drap, lavage...........	5	dito.	10	1,20
13	dito.............	1	dito.	13	0,13
14	Bourreurs de sacs.......	3	Femmes.	9	0,27
15	Maître de presse.........	1	Homme.	»	0,20
	Total.........	45			16,00

Le travail de 1 quintal de betteraves revient en moyenne à 8 pfennigs.

Il faut remarquer que ces données proviennent d'une fabrique qui n'emploie que peu de on de et qu'il est des fabriques où le quintal de betteraves revient certainement de 1/2 à 1 pfennig de plus :

TABLEAU III.

DES OUVRIERS ET DES SALAIRES DEPUIS LA BALANCE DES PESÉES INCLUSIVEMENT JUSQU'A LA CHAUDIÈRE DE DÉFÉCATION. DANS UNE FABRIQUE TRAVAILLANT AVEC DES CENTRIFUGES POUR UN TOUR ET UN TRAVAIL DE 800 QUINTAUX.

Po te.	NATURE DU TRAVAIL.	Nombre.	OUVRIERS.	Salaire.	Thalers.
1	Balance des taxes........	1	Homme.		0,13,5
	dito............	1	—		0,11
2	Jeteurs aux râpes........	4	—	8	1,2
3	Aux chariots de bouillie.	2	—	9	0,18
4	Recouvreurs...........	4	—	12	1,18
5	Piqueurs.............	4	—	11	1,14
6	Porteurs de masses......	2	—	11	0,22
7	Aux gouttières de jus ...	2	—	10	0,20
8	Poseurs.............	2	—	10	0,20
9	Nettoyeuse...........	1	—		0,8
10	Laveurs de tamis,........	2	—	9 1/2	0,19
11	Conducteur de batterie...	1	—		0,16
	Total..........	26			9,1,5

Prix de revient moyen
Pour 1 quintal de betteraves } 3,4 pfennigs.

Le directeur de cette fabrique annonce que l'on pourrait travailler 50 kilog. de plus par tour.

TABLEAU IV.

DES OUVRIERS ET DES SALAIRES A PARTIR DE LA BALANCE DES PESÉES INCLUSIVEMENT JUSQU'A LA CHAUDIÈRE DE DÉFÉCATION DANS UNE FABRIQUE INSTALLÉE SUIVANT LE PRINCIPE DE MACÉRATION DE SCHUTZENBACH POUR UN TOUR ET UN TRAVAIL DE 650 QUINTAUX.

Prix de revient moyen pour 1 quintal de betteraves : 3 pfennigs.

Le directeur de la fabrique dit que l'on pourrait fabriquer encore 50 quintaux de plus par tour, mais il ne faut pas oublier que les salaires dans cette fabrique sont à un taux extraordinairement bas.

Poste.	NATURE DE TRAVAIL.	Nombre.	OUVRIERS.	Salaire.	Thalers.
1	Balances des taxes......	2	Hommes.	13	0,26
2	Jeteur à la râpe.........	1	Femme.		0,8
3	Bouillie sortant de la râpe.	1	dito.		0 8
4	Inspecteur de la macéra-tion..............	1	Homme.		0,13
5	Porte-bouillie..........	2	Jeunes garçons	9 et 10	0,19
6	Service des vaisseaux....	2	Femmes.	8	0,16
7	Nettoyage des appareils..	1	Homme.		0,13
8	Au jusimètre..........	1	Femme.		0,65
9	Mise en sac des bouillies..	1	dito.		0,8
10	Préparateurs des presses	4	Hommes.	13	1,22
11	—	1	Femme.		0,6
12	Trieurs, etc............	3	dito.	6, 7, 8	0,21
	Total.........	20			6,16,5

TABLEAU V.

DES OUVRIERS ET DES SALAIRES DEPUIS LA BALANCE DES TAXES
INCLUSIVEMENT, JUSQU'A LA CHAUDIÈRE DE DÉFÉCATION
DANS UNE FABRIQUE TRAVAILLANT A PRESSION DOUBLE AVEC
PRESSION DOUBLE ANTÉRIEURE ET POSTÉRIEURE ET RE-
PASSAGE DES TOURTEAUX POUR UN TOUR ET UN TRAVAIL DE
810 QUINTAUX.

Poste.	NATURE DU TRAVAIL.	Nombre.	OUVRIERS.	Salaire.	Thalers.
1	Maître de presse........	1	Homme.		0,20
2	Pousseurs de chariots......	1	—		0,11,2,5
3	Jeteur aux râpes........	4	Jeunes garçons	8 3/4	1,5
4	Servants de bouillie.....	2	Hommes.	11 1/4	0,22,5
5	Formeur de tourteaux.....	3	—		1,3,7,5
6	Presseurs antérieurs.....	6	—	16 1/4	3,7,5
7	— postérieurs....	3	—	13 3/4	1,11,2,5
8	Aux presses postérieures..	3	Femmes.	8 3/4	0,26,2,5
9	Tricurs...............	3	—	8 3/4	0,26,2,5
10	Poseurs de draps.......	3	—	7 1/2	0,22,0,2
11	Laveurs de draps.......	3	—	10	1
	Les sacs sont réparés à for-fait, 81 pièces par tonne à 1/3 gros............				0,27
	Total...........	32			13,8,2,5

En moyenne, prix de revient pour 1 quintal de betteraves, 4,9 pfennigs.

Cette fabrique est si extraordinaire par sa capacité de
production — travaillant avec 6 presses de première
pression et 3 presses de seconde pression à surface pres-
sante de 22 pouces carrés, — qu'elle doit être unique dans
tout le Zollverein.

TABLEAU VI.

DES OUVRIERS ET DES SALAIRES DEPUIS LA BALANCE DES TAXES
INCLUSIVEMENT JUSQU'A LA CHAUDIÈRE DE DÉFÉCATION,
D'UNE FABRIQUE TRAVAILLANT AVEC CENTRIFUGES, MA-
CHINE A MÉLANGES OU MALAXANT ET PRESSES, POUR UN
TOUR ET UN TRAVAIL DE 900 QUINTAUX,

Poste.	NATURE DU TRAVAIL.	Nombre.	OUVRIERS.	Salaire.	Thalers.
1	Balances des taxes.........	2	....	14	0,28
2	Râpes.................	8	....	8	2,4
3	Centrifuges............	4	....	14	1,26
4	— déposeurs et charge-écumes..........	4	....	8	1,2
5	Centrifuges recouvreurs..	2	....	10	0,20
6	Mélangeurs............	2	....	14	0,28
7	Cuves des bouillies......	4	....	9	1,6
8	Encaisseurs............	4	....	15	2
9	Emballeurs............	8	....	9 1/2	2,16
10	Preneur derrière les presses	4	....	8	1,2
11	Trieurs et porteurs.......	9	....	8	2,12
12	Laveurs de draps........	4	....	9	1,6
13	Bourreurs de sacs........	3	....	9	0,27
14	Inspecteur.............	1	....	10	0,20
	Total............	59			19,17

Prix moyen de revient pour 1 quintal de betteraves,
6, 5 pfennigs.

Le directeur de la fabrique m'a informé qu'avec le
même personnel, il pourrait aisément travailler 1000
quintaux.

Si donc, comme les chimistes le prétendent avec persistance, le jus n'était pas sensiblement gâté, ce procédé

serait fort préférable à la presse simple, car le sucre est presque complétement enlevé aux résidus.

Malheureusement toutes les autres substances nutritives sont presque complétement perdues.

RÉSUMÉ COMPARATIF DES DENSITÉS DU JUS DANS LA CHAUDIÈRE A DÉFÉCATION, DE LA QUANTITÉ D'EAU AMENÉE AU JUS, ET AUTRES DONNÉES COMPARATIVES.

	Densité du jus.	Addition d'eau.
Diffusion à Einbeck...............	10 à 11° Brix	40 à 30 pour 100
Fabrique à presse simple	10° — ?	50 —
Autre fabrique semblable......	7° —	30 à 35 —
Autre fabrique semblable......	9 à 9° 1/2 —	40 —
Fabrique à centrifuges........	7 à 8° — ?	96 —
Fabrique selon Schutzenbach...	10° —	40 —
Fabrique à centrifuges, mélangeurs, laveurs de presses....	8 1/2° —	45 à 60 —

L'usure des sacs de presse ou de leurs équivalents est indiquée d'une manière très-variable. Pour 1 quintal de betteraves elle s'élève aux chiffres suivants :

Diffusion à Einbeck................	0,75 pfennigs
Fabrique à presse simple, 1 campagne.	3,18 —
Autre fabrique semblable moyenne....	5,15 —
Autre —	3,75 —
Fabrique à centrifuge, avec pression subséquente......................	3,5 —
Elle use pour tamis centrifuges........	0,35 — ?
Une fabrique ne travaillant qu'aux seuls centrifuges, userait..............	0,60 — ?

A l'égard de la dépense de force motrice des machines, on peut approximativement fixer les chiffres suivants :

1. Diffusion à Einbeck avec pression subséquente.   1 pfennig
2. Macération d'après Schutzenbach à pression subséquente.................................:   1 1/3 à 1 1/2
3. Pression simple ou pression double avec tourteaux repassés.........................   2   à 2 1/2
4. Pression double en râpant les premiers tourteaux.   2 1/2 à 3
5. Centrifuges, ou aussi centrifuges, mélangeage et
pression.................................   4   à 5

La proportion des frais de réparation et frais complé-
mentaires est approximativement la suivante :

1. Diffusion à Einbeck avec pression subséquente..   1 pfennig
2. Macération Schutzenbach   —   1 1/2 à 2
3. Pression simple ou pression double à tourteaux
retournés..............................   2 1/2 à 3 1/2
4. Pression double en défaisant les tourteaux.....   3 1/2 à 4
5. Centrifuges, et aussi centrifuges avec mélange et
pression.................................   4   à 5

La proportion de la totalité d'eau cohsommée, non
compris l'eau de lavage, est indiquée approximativement
par les chiffres suivants :

1. Fabrique à pression simple, ou à pression double, avec simple déplacement des tourteaux ; en moyenne, on admet que ce sont
les 50 pour 100 du poids de la betterave.....   1 pfennig
2. Fabrique à pression double, avec ou sans repas-
sage des tourteaux, fabrique à centrifuges, mélange et pression...........................   1 à 1 1/2
3. Fabrique à centrifuges......................   2 à 2 1/2
4. Fabrique à diffusion........................   3
5. Macération de Schutzenbach...............   6

Mais, dans les deux dernières méthodes, la plus grande
partie de l'eau s'écoule au dehors, et parce que les jus arrivent aux chaudières de défécation plus lourds que dans

les autres méthodes, il en résulte que cette eau peut de nouveau servir à la condensation, et que la diffusion du moins est possible partout où peut exister une fabrique à pression.

Pour la perte en sucre, on peut admettre comme approximativement exacts les chiffres suivants, qui l'expriment en centièmes, rapportés à la betterave.

1. Diffusion, dans les résidus et dans l'eau de macération................................. 0,3 à 0,5 pour 100
2. Centrifuges ou presses avec mélange et pression subséquente...... .... 0,2 à 0,5 —
3. Macération d'après Schutzenbach............. 0,5 à 1,8 —
4. Centrifuges................................. 0,75 à 1,5 —
5. Presses..................................... 1,00 à 1,5 —

XVII

CONSIDÉRATIONS FINALES

SUR LE PROCÉDÉ DE LA DIFFUSION ET LES DIVERSES AUTRES MÉ-
THODES D'EXTRACTION DU JUS DE LA BETTERAVE, EMPLOYÉES DANS
LES FABRIQUES DE SUCRE, PRÉSENTÉES A L'ASSEMBLÉE GÉNÉRALE
DE LA SECTION DU BRUNSWICK DE L'INDUSTRIE BETTERAVIÈRE DU
ZOLLVEREIN, LE 29 FÉVRIER 1868,

PAR

F. W. SCHOETTLER, de Brunswick.

Depuis les communications que j'ai faites le 5 décembre dernier, la marche de ma fabrique de sucre à Einbeck
est devenue et est restée régulière, sans aucune interrup-
tion, jusqu'à la clôture de la campagne. Les essais polarimétriques ont été poursuivis exactement, comme je l'ai
indiqué pour les sept premières semaines. En raison de la
marche parfaitement régulière du travail, je crois qu'il
est inutile de donner chacune des analyses polarimétriques, — dont je tiens d'ailleurs la liste complète à la disposition de tous, et je ne donnerai ici que la moyenne des
polarisations de chaque semaine.

POLARISATION DU JUS.

Semaine.	Jours.	Jus de betterave.	Résidus.	Eau de macération.	Masse cuite.
VIII	2- 7 déc.	12,22	0,29	0.20	12,20
IX	9-14 —	11,80	0,24	0,15	12,21
X	16-22 —	11,76	0,08	0,01	12 00
XI	2 déc. 10 janv.	11,61	0.3	0,05	12,03
XII	13 — 14 —	11,21	0,27	0,16	11,51

Dans les 9 jours de la XIe semaine il m'a été communiqué en tout 67 polarisations de jus, 19 analyses des résidus et 12 de l'eau de macération par le docteur Harmening; elles avaient été faites par MM. les docteurs Heydingsfeld, Stammer et Schleuning. Pour l'analyse des résidus et de l'eau de macération, ces messieurs ont contrôlé les données de la polarisation par l'évaporation et la solution de Fehling; néanmoins les résultats moyens ne diffèrent pas de ceux des autres semaines, ce qui peut être considéré comme la preuve du soin avec lequel ont été faites toutes les analyses.

Dans le tableau suivant je donne maintenant un résumé des résultats de l'exploitation de toute la campagne, indiquant la perte en sucre subie, depuis la balance des taxes jusqu'au magasin des sucres, pour chaque semaine.

TITRE EN SUCRE ET PERTE.

Semaine.	Titre en sucre		Masse cuite en pour cen du poids des betteraves.	Titre en sucre de la masse cuite en pour cent du poids des betteraves.	Perte en sucre jusqu'à la fin de l'opération, ou différence entre les colonnes 2 et 4.
	du jus de la betterave p. 100.	des betteraves p. 100.			
I	12,58	11,95	12,55	10,00	1,95
II	12.35	11,73	12,26	9,77	1,96
III	12,38	11,76	12,95	10,32	1,44
IV	12 3?	11,70	12 84	10,23	1,47
V	12,23	11,6,	12.24	9,75	1,86
VI	12,24	11 62	12,32	9,81	1,81
VII	11,67	11,08	12,10	9,64	1,44
VIII	12,22	11,60	12,20	9,72	1,88
IX	11,80	11,21	12,21	9,73	1,48
X	11 76	11,17	12.00	9,56	1,61
XI	11.6	11,03	12,03	9,58	1,45
XII	11,21	10,65	11,51	9,17	1,48
Total....	144,37	137,11	147,21	117,28	19,83
Moyenne	12,03	11,42	12,27	9,77	1,65

Le sucre du premier et du second produit fait...   8,07 pour 100

Dans la campagne passée, la betterave étant de très-mauvaise qualité, on traitera les troisièmes produits, et l'on pourra en obtenir avec certitude............   0,60 pour 100

Perte totale de sucre...........................   1,65 pour 100

Si donc on ne peut pas extraire plus de 0.4 pour 100 en troisièmes produits, la perte en sucre dans la mélasse du troisième produit et dans la salle des sucres s'élève à...................................   1,30 pour 100

Ce qui ramène le titre moyen en sucre...........   11,42 pour 100 des betteraves traitées.

La totalité des salaires, y compris ceux de la main-
d'œuvre, du déchargement des betteraves et de leur sortie
de la fabrique jusqu'aux magasins des résidus situés vis-
à-vis, et leur emmagasinage, environ 20 000 quintaux
de betteraves, pour enlever deux fois par semaine la vase
des bassins; pour le nettoyage des chaudières à vapeur;
pour le travail dans la salle des sucres et emballage jusqu'au troisième produit (par contre les quatrièmes produits
entrent dans les préliminaires de la campagne); enfin pour
la préparation de tous les charbons d'os, etc., etc.: la totalité des salaires, dis-je, s'est élevée par quintal de betteraves ayant passé à la balance des taxes, à 1 florin
11 kreutzers; mais, par différentes simplifications dans le
travail, ils seront encore réduits d'au moins 2 kreutzers
par quintal.

On a exprimé en plusieurs endroits l'opinion que le
travail de la diffusion serait plus incertain, que la surveillance en serait plus difficile et le contrôle plus pénible
que pour les presses, les centrifuges ou la macération
de Schutzenbach.

Je dois repousser de la manière la plus absolue une
semblable opinion. Il ne faut pas pour surveiller plus de
soins que ceux que tout directeur consciencieux né peut
manquer de donner dans toute fabrique bien dirigée; tout
observateur au courant de la pratique, impartial et sans
préjugés, le reconnaîtra et l'admettra sans hésitation, dès
qu'il aura observé pendant quelques heures seulement le
petit nombre de manipulations opérées par les quelques
ouvriers qu'exige la diffusion.

XVIII

EXTRAIT

DU PROCÈS-VERBAL DE LA 13ᵉ ASSEMBLÉE GÉNÉRALE DES FABRICANTS DE SUCRE DU BRUNSWICK, TENUE LE 5 DÉCEMBRE.

LE PRÉSIDENT M. ARNHEIM. — Je demande à M. Knauer s'il consent que la discussion embrasse à la fois et la question : *Comment agissent les presses sur les résidus de diffusion ?* et les communications relatives au procédé de la diffusion ?

M. KNAUER y consent. — La parole est à M. Bautler.

M. BAUTLER. — La fabrication du sucre de betteraves a été introduite dans le Brunswick en 1837, il y a trente ans ; et je pourrais presque dire que notre industrie a soutenu sa guerre de Trente ans. En effet, depuis cette époque il y a eu constamment lutte, poursuite, chasse à la recherche des perfectionnements que réclamait cette branche de la grande industrie.

Ce serait une grande erreur que de croire qu'il date seulement de ces dernières années, ce désir ardent de perfectionnement et d'améliorations. La vérité est qu'il remonte à l'époque même de l'introduction du sucre de betteraves.

Je n'ai nullement l'intention de refaire l'histoire de la fabrication du sucre. Je me bornerai à exposer un seul point de cette fabrication : le *procédé d'extraction du jus brut.*

Vous savez, Messieurs, que jusqu'à notre époque la plus grande partie des fabriques était basée principalement sur l'extraction du jus brut par la presse hydraulique. Je vois que déjà en 1836 on s'efforçait en France de se soustraire à la prépondérance des presses. On essaya d'extraire le jus dans le vide. Ce procédé n'avait aucune valeur.

Nous avons vu plus tard se produire en France la macération à chaud et à froid. On eut même recours à une sorte de diffusion dans laquelle les betteraves étaient coupées en lanières.

Si, laissant là tous ces essais, on est toujours revenu à l'emploi de la presse, on est en droit de se demander les raisons qui ont fait abandonner les autres méthodes. La seule réponse possible est qu'on a trouvé son compte dans le procédé de la pression, en dépit de sa lenteur et des grandes dépenses qu'il entraîne.

Mais j'ai surtout à parler des méthodes d'extraction du jus, que nous voyons pratiquées ici et dans nos environs, et qui prétendent faire perdre à la pression la suprématie qu'elle a gardée jusqu'ici.

Vous savez que le procédé le plus ancien est celui de Schutzenbach. A son apparition, il fut salué par des réclames pompeuses. On ne disait pas seulement de lui : il diminuera sur plusieurs points les frais de main-d'œuvre que l'emploi des presses entraîne ; il supprimera les dépenses de laine et de sacs, accessoires nécessaires de la presse. On ajoutait, comme avantage principal, que l'extraction du sucre des betteraves était complète ; que la quantité de sucre perdu était réduite au minimum. Nous pourrions rappeler que ce procédé a trouvé de nombreux partisans. Et cependant l'expérience nous a appris qu'il est à peine sorti des fabriques où il est né. Il ne s'est pas montré assez pratique pour prendre place dans toutes les fabriques en qualité de procédé rémunérateur. La raison en est peut-être que les résidus ne pouvaient pas être employés à la manière ordinaire, sans être pressés une seconde fois. On s'est dit alors que le meilleur était de rester fidèle au procédé de la pression.

Plus tard a paru le procédé Frickenhaus, c'est-à-dire l'extraction des jus par la force centrifuge. Il n'a pénétré aussi que dans peu de fabriques, et plusieurs même l'ont abandonné depuis. On faisait valoir en faveur de ce procédé qu'il réalisait une économie de tissus de presse, qu'il diminuait les frais de main-d'œuvre, qu'il extrayait complétement le sucre, et ne laissait dans les pulpes qu'un minimum inévitable. Malgré tous ces avantages, nous en sommes réduits à constater que le procédé centrifuge n'a pas pris les développements qu'on pourrait lui souhaiter.

Enfin dans ces derniers temps le procédé de la diffusion est entré, à son tour, dans la lice. Il a fait tout ce qu'il a pu, dans les trois dernières campagnes, pour se faire apprécier à sa juste valeur. Quoiqu'on en ait parlé souvent avec éloges dans nos réunions, il a été accueilli avec une très-grande réserve. Et je dois constater ici qu'après l'avoir vu à l'œuvre chez M. Schöttler, à Einbeck, dans ces derniers mois, je me suis expliqué à moi-même la résistance qu'il a dû rencontrer par la crainte très-fondée qu'on avait d'avoir trop de difficultés à surmonter dans l'obtention de résidus assez déshydratés pour devenir un bon aliment facilement transportable. Mais voici que tout récemment le procédé vient d'entrer à ce point de vue dans la voie du perfectionnement désiré. M. Schöttler a organisé des presses capables d'éliminer la plus grande partie de l'eau. Il paraît que cette année aussi les résidus, en raison de la manière dont il les comprime, ont une bien plus grande consistance, et qu'il y a, de semaine en semaine, plus de tendance chez les nourrisseurs à employer les résidus comprimés.

Je puis assurer, parce que je m'en suis convaincu par mes propres yeux, que le procédé de la diffusion est précisément celui qui me paraît, à moi fabricant, le plus pratique et le plus industriel de tous, au moins dans la comparaison avec les deux procédés indiqués ci-dessus.

Allez dans une fabrique qui travaille d'après les méthodes de Schutzenbach ou de Frickenhaus, vous trouverez une cohue plus ou moins grande, mais toujours désagréable, une grande humidité, de l'eau partout répandue sur le sol : ce n'est pas seulement un inconvénient grave, il en résulte un préjudice grave qui consiste dans une perte notable de jus. Au contraire, approchez des vases de diffusion, vous trouverez que quand les fermetures sont en ordre, il ne se perd pas une goutte de jus. On peut y maintenir tout autant de propreté que dans un autre local quelconque, et beaucoup plus que dans les ateliers où l'on pratique le procédé Schutzenbach ou le procédé Frickenhaus. Sous ce rapport on a énormément gagné.

La fabrication est devenue si simple, et, à mon idée, si naturelle que je crois de mon devoir d'engager les membres de l'association de ne pas différer d'aller examiner ce procédé de plus près. Je ne doute pas que la diffusion remporte la victoire que n'ont su gagner ni Schutzenbach ni Frickenhaus, et je désire ardemment, Messieurs, que vous suiviez les opérations de la diffusion le plus tôt possible, cette année même, car je crois fermement que sous peu d'années il aura pris complétement le dessus.

Je n'ai pas besoin d'entrer dans des détails sur ce procédé. M. Schöttler a fait à cet égard un travail très-développé; un exemplaire en sera envoyé à chaque fabrique, et vous pourrez conclure par vous-mêmes.

On a mis à l'ordre du jour la question : Comment agissent les presses sur les résidus de diffusion ? — Ici je remarquerai que M. Schöttler, pour le traitement des résidus de 1300 quintaux de betteraves qu'il travaille par 24 heures, emploie 2 presses qui les compriment complétement. La qualité des pulpes est telle, à mon avis, qu'on peut fort bien les faire entrer dans la consommation. M. Schöttler cependant s'occupe encore de les perfectionner; aussi la question brûlante des résidus comprimés ne tardera-t-elle pas à être résolue.

Je le répète, l'impression que le procédé a faite sur moi a été si entièrement favorable que je ne fais aucune difficulté de déclarer que dans ma conviction profonde ce procédé deviendra le procédé principalement employé dans notre industrie. Je ne doute même pas que les fabriques établies dans ces derniers temps fassent une opération avantageuse en mettant de côté les presses et en introduisant le procédé de la diffusion.

M. Schöttler distribue aux représentants présents des fabriques les Mémoires reproduits ci-dessus, pages 142, 154.

M. Knauer. — En posant la seconde question, j'ai cherché surtout un enseignement. Vous savez combien le manque d'ouvriers et l'élévation du prix de la main-d'œuvre pèsent lourdement sur les fabriques ; c'est donc avec plaisir que je saluerai un procédé qui nous affranchirait en partie de cette charge. J'ai souvent eu occasion de parler de ces presses et j'ai dit qu'à mon point de vue je serais satisfait de 40 pour 100 de résidus. Maintenant j'entends que M. Schöttler est arrivé à 35 pour 100. Ne faut-il pas attendre que les directeurs, hommes du métier, aient donné à ce procédé une plus grande attention, pour introduire le plus tôt possible une extraction de jus qui nous affranchira de beaucoup d'inconvénients ? On me répond : voyez le sucre de Wulferstedt, n'est-il pas beau ? Mais, Messieurs, quiconque connaît l'eau de Wulferstedt dira d'avance que son sucre doit être beau. Ces messieurs de Wulferstedt sont assez aimables pour tout vous montrer ; il n'y a là aucun piége caché.

M. Klamroth. — S'il est encore temps de présenter quelques données, je demanderai qu'on me permette d'appeler l'attention sur quelques particularités plus dignes de considération. J'ai eu l'occasion de voir la fabrique de Wulferstedt ; M. Cuntze a eu la bonté de me montrer tout en détail. Or, il est surtout trois points que je ne veux pas perdre de vue, parce qu'ils ont une importance substantielle. D'abord on remarque que dans cette usine le titre de la masse-cuite est de 1 pour 100 plus élevé que celui du jus indiqué par le saccharimètre, tandis qu'avec le procédé de la presse nous sommes satisfaits quand nous ne restons qu'à un tiers pour cent au-dessous de la richesse saccharimétrique. Vient ensuite la valeur nutritive des résidus ; or, il est établi qu'à Wulferstedt les substances non azotées restent dans les pulpes comprimées. Le troisième avantage plus capital encore, c'est qu'il y a économie grande par la suppression des sacs de presse, et la diminution de la main-d'œuvre.

M. Kessler. — Je me permettrai de vous adresser une question : sur quoi vous basez-vous pour dire que l'aliment a plus de valeur, en raison notamment des substances albuminoïdes qu'il contient en plus ?

M. Klamroth. — Il m'a suffi de m'en rapporter à l'analyse chimique et au fait que la défécation par en haut est impossible. Cela signifie que l'albumine est restée dans les résidus et n'est pas passée dans le jus.

M. Schöttler. — J'ai invité les membres de l'Association des directeurs de fabriques de Brunswick et de Schöningen, à venir voir ma fabrique et à y rester aussi longtemps qu'ils le voudront pour se rendre compte de la fabrication ; M. le docteur Harmening, qui dirige mon usine, donnera avec empressement tous les éclaircissements désirés ; il mettra même ses registres à la disposition de ceux qui voudront comparer par eux-mêmes. Ceux de ces messieurs qui ne sont pas membres de l'une ou l'autre association, n'ont pas encore reçu d'invitation ; néanmoins ils seront toujours les bienvenus. Je dois seulement faire remarquer que je suis obligé, par traité, à exiger de ceux

qui ne sont pas Brunswickois, la signature d'un engage-
ment par lequel ils s'obligeront à payer un honoraire s'ils
installent chez eux le procédé de la diffusion.

Quant à ce qui concerne les presses, nous avons éprouvé
une peine extrême à les construire. L'année dernière nous
avons dépensé pour cela plusieurs milliers de thalers. C'est
pour moi une véritable jouissance que de pouvoir dire
qu'aujourd'hui elles remplissent parfaitement leur but. Si
je suis bien informé, on a fait bréveter en Autriche un
procédé par lequel on assure aux résidus une proportion
nette de substance sèche égale à 8 ou 9 pour 100. Si les
38 à 40 pour 100 auxquels nous réduisons avec nos presses
des pulpes contenant une quantité de substance sèche égale
à 14 ou 16 pour 100 ne vous suffisent pas, vous pourrez
très-bien aller encore plus loin. Au lieu de deux presses,
placez-en trois; travaillez plus lentement ou pressez plus
fort. Mais je suis convaincu que par une trop grande augmentation de la pression, on élimine avec l'eau expulsée une
trop grande proportion de matière alimentaire. C'est pourquoi je recommanderais de faire des essais d'alimentation
très-sérieux avant de procéder à une compression plus
forte.

Je suis prêt à donner de plus amples renseignements,
mais je me borne à faire remarquer que depuis l'introduction du procédé à Einbeck, il y a été apporté des perfectionnements importants qui n'ont pas pu être mis en
pratique dans cette usine, parce que l'on y emploie les appareils primitifs. En outre les presses qui ont été construites
plus tard, travaillent mieux que celles d'Einbeck, et les industriels qui feront désormais leurs commandes, en auront

de meilleures que celles qui ont été livrées il y a six semaines.

M. DE VELTHEIM. — En ce qui concerne la valeur nutritive des résidus, j'appelle votre attention sur ce fait que
des essais ont été tentés ici à la ferme expérimentale avec
des résidus comprimés et des résidus de presse. Tout le
monde sait que les résidus comprimés sont encore très-
riches en eau ; malgré cela les moutons qui ont été nourris
avec des résidus comprimés ont mieux profité que ceux
nourris avec des résidus de presse. On trouvera le rapport
fait sur ces essais par le docteur Kuhn, dans la livraison
de juillet des Annales de l'Association de l'Industrie agricole et forestière du duché de Brunswick, année 1866-
1867. Moi-même j'ai appliqué avec succès, surtout pour
les moutons, une quantité assez considérable de ces résidus.

M. SCHÖTTLER. — J'ai déjà livré à des consommateurs
de ce pays des lots considérables de ces résidus, et je puis
encore en céder quelques milliers de quintaux. Je les vends
à un prix ridiculement minime ; pris à Einbeck ils coûtent
2 sgr. 1 pf. Il est vrai que ces résidus ont à payer des frais
de transport assez chers.

M. LE DOCTEUR SCHEIBLER. — Je puis encore faire une
communication à l'avantage de ce procédé. Par des motifs
théoriques je me suis constamment prononcé en faveur du
système de la diffusion dans les Assemblées générales de
la grande Association. Mais aux considérations théoriques
je puis ajouter un fait, constaté par la pratique, et qui mérite
une attention toute spéciale. L'extraction du jus au moyen
de la diffusion se distingue par cette particularité importante, qu'il arrive à la chaudière à défécation un jus par-

faitement dépouillé de tous les éléments fibreux qui constituent le squelette de la betterave. On n'a pas à craindre, par conséquent, de voir se former ces sels métapectiques, que la chaux caustique ou les alcalis libres font naître par leur action sur la pectose insoluble du résidu de la betterave. Par la transformation artificielle de la pectose en métapectate de chaux, j'ai obtenu un corps qui existe dans les cuites de toutes les fabriques travaillant d'après d'autres méthodes d'extraction du jus, et que l'on peut considérer comme l'un des agents les plus actifs de la formation des mélasses. On s'occupe à bien constater et à approfondir ce fait dans le laboratoire de l'association, et, quand il en sera temps, le résultat en sera publié dans le Journal de l'association. La pectose qui donne naissance à l'acide métapectique ne reste pas aussi complétement dans les résidus que dans le procédé de la diffusion, et je crois que c'est là un fait très-important et qui plaide spécialement en faveur du procédé de la diffusion.

XIX

EXTRAIT

DU COMPTE RENDU DE LA 14ᵉ RÉUNION DES FABRICANTS DE
SUCRE DE BETTERAVES DU BRUNSWICK, TENUE A BRUNSWICK
LE 29 FÉVRIER.

Le Président. — Passons à la troisième question. Quelle est la valeur alimentaire des résidus comprimés de la diffusion ?

M. Bergmann. — Dans le n° 5 du *Brunnschweigschen Magazin*, il se trouve un article de M. W. Schöttler « sur la valeur alimentaire des résidus comprimés de la diffusion. » M. Schöttler part de cette supposition : que les résidus de la diffusion perdent, par la pression, la moitié de leur poids ; qu'au lieu de contenir 78 pour 100 d'eau, ils n'en contiennent plus que 38, et que par conséquent leur valeur alimentaire a doublé.

Je regarde cela comme une erreur et je me base sur les résultats suivants.

Dans notre dixième assemblée générale du 15 mars 1866, après avoir fait connaître les résultats comparatifs des expériences de la diffusion et des expériences de turbinage, j'ai donné l'analyse des résidus de la diffusion d'après le docteur Hugo Schulz, de Magdebourg. Il entre dans cent parties en poids :

Eau....... :	92,62
Sucre......................	0,15
Substances protéiques.........	0,52
Matière extraotive............	4,66
Fibre ligneuse...............	1,17
Sels......................	0,57
Sable et argile...............	0,31

L'avoine valant 1 thaler les 100 livres, la valeur nutritive des résidus de la diffusion à l'état frais serait donc de 2 sgr 6 pf.

On a bientôt reconnu que des résidus si largement hydratés perdaient considérablement de leur valeur nutritive, et les fabricants de sucre comme les praticiens qui y étaient intéressés, s'empressèrent de construire des presses pour écarter une partie de cette eau encombrante.

Dans notre dernière assemblée générale, la treizième, M. Bautler et d'autres annoncèrent que M. Schöttler avait établi dans sa fabrique de Einbeck, où la diffusion est pratiquée, des presses capables d'éliminer l'excès d'eau contenu dans les résidus. Comme la chose m'intéressait aussi beaucoup à cause de nos résidus de turbinage, je me mis en mesure de m'éclairer sur le bon fonctionnement de ces presses. Je suis allé dans ce but à Einbeck le 3 janvier dernier et, en présence de M. le docteur Harmening, j'ai retiré un échantillon *a* des résidus de diffusion d'une presse qui venait de fonctionner ; je le joignis à un second échantillon *b* extrait d'un wagon de résidus de diffusion pressés, que M. de Siedentopf, notre actionnaire, avait fait venir d'Ein-

beck par chemin de fer pour faire des essais d'alimentation, et j'envoyai ces échantillons à M. le docteur Hugo
Schulz, à Magdebourg, qui les a analysés. L'analyse de
ces résidus de diffusion pressés a donné les résultats suivants :

	a. Échantillon du 5 janvier 1868 sorti directement de la presse.	b. Échantillon du 7 janvier 1868 tiré du vagon du chemin de fer.
Eau.................	88,19	89,38
Sucre...............	0,23	0,29
Substance protéique...	0,84	0,82
Aliments non azotés ...	7,11	6,63
Fibre ligneuse........	1,76	1,58
Sels................	0,56	0,52
Sable et argile........	1,31	0,68
	100,00	100,00

D'après cela, si l'avoine vaut 1 thaler les 100 livres, les
résidus de diffusion vaudront par 100 livres de l'échantillon *a* seulement 3 sgr 10 pf., et de l'échantillon *b* 3 sgr 10
pf. ; soit en moyenne 3 sgr 9 pf. les 100 livres, tandis que
M. Schöttler dans le *Brunnschw. Mag.* n° 5, a conclu de
mes données (les résidus de diffusion non pressés valant
2 sgr 6 pf) que, pressés, ces résidus vaudraient le double,
soit 5 sgr.

Dans mon opinion, le défaut de son calcul, si toutefois
les chiffres de M. Schöttler 75 et 38 pour 100 sont exacts,
consiste uniquement en ce qu'il n'a pas tenu compte de
l'élément alimentaire perdu dans l'acte de la compression,
ou qui est emporté par l'eau. Il est vrai que les résidus de
diffusion examinés par M. Schöttler ne sont pas identiques

avec les résidus de diffusion pressés, mais la différence in-
flue très-peu sur l'exactitude pratique des chiffres, et
M. Schöttler, dans son article du Br. Mag., prend en considération ces premières données.

D'après mes recherches antérieures, les résidus de diffusion, non pressés, contiennent en aliments sur cent
livres :

Sucre......................	0,15 pour 100
Substances protéiques........	0,52 —
Aliments non azotés..........	4,66 —
Sels.....................	0,57 —
	5,90 pour 100

Les résidus de diffusion pressés contiennent en aliments,
également sur cent livres :

	a	b
Sucre	0,23	0,29
Substances protéiques........	0,84	0,82
Aliments non azotés.........	7,11	6,6
Sels.....................	0,56	0,52
	8,75	8,26
En moyenne............	8,50 pour 100	

Mais les résidus de la diffusion pressés devraient contenir
11,80 pour 100 de substances alimentaires; la pression
leur fait donc perdre par cent livres : $5,90 \times 2 = 11,80$,
et $11,80 - 8,50 = 3,30$ pour 100; la perte de substance
alimentaire est donc 3,30 pour 100, ce qui confirme la
supposition que j'avais faite dans la dixième assemblée
générale.

Ces 3,30 pour 100 de perte de substance alimentaire

correspondent à une valeur de 1 sgr 5 pf. ; donc les résidus non pressés qui contiennent 5,90 pour 100 de matière
nutritive ont, suivant le docteur Hugo Schulz, une valeur
de 2 sgr 6 pf. Par conséquent, pour 100 quintaux de betteraves, la perte subie par la pression des résidus à 38 pour
100 des résidus de la diffusion est de

1 sgr 5 pf. $\times$ 38 = 1 thaler 23 gros. 10 pf.

Ainsi donc lorsque l'on presse les résidus de la diffusion,
qu'on les ramène de 75 pour 100 à 38 pour 100, leur valeur ne croît pas dans le même rapport du simple au double,
comme le prétend M. Schöttler ; elle ne s'élève pas de
2 1/2 sgr. à 5 sgr., car ces 5 sgr doivent être diminués de
1 sgr. 5 pf. représentant la perte causée par la pression. Le
chiffre ainsi obtenu s'accorde alors assez bien avec celui
de M. Hugo Schulz qui a trouvé antérieurement 3 sgr.
9 pf. pour valeur alimentaire de 100 livres de résidus de
diffusion pressés.

La valeur nutritive des résidus de diffusion pressés, obtenus de 100 quintaux de betteraves, en admettant le
chiffre 38 pour 100, est donc de

3 sgr. 9 pf. $\times$ 38 = 4 th. 22 1/2 sgr.

J'arrive à une annonce du *Magdeb. Zeitung* du 27 courant, dans laquelle MM. Seele et Cᵉ, de Brunswick, font savoir que les résidus de diffusion de la presse construite par
eux contiennent 18 pour 100 de substance sèche.

Que M. Schöttler me permette de lui demander de

combien les 75 pour 100 primitifs de résidus de diffusion doivent être comprimés, pour contenir 18 pour 100 de substance sèche, quand une compression à 38 pour 100 ne donne que 11,22 de substance sèche, sable et argile compris?

M. Schöttler. — Pour le moment je ne puis ni ne veux opposer un autre compte à celui de M. Bergmann; il serait par trop difficile de l'improviser sans préparation. Je veux seulement indiquer comment je suis arrivé à porter à 5 sgr la valeur alimentaire des résidus, après qu'ils ont été comprimés. M. le professeur Wicke, de Goettingue, s'était fait plusieurs fois remettre, ou avait pris lui-même, des échantillons des résidus comprimés de diffusion, et il en avait déterminé la valeur. A cette époque, les résidus n'étaient que fort imparfaitement comprimés dans de vieilles presses hydrauliques, et nous pouvions admettre que la réduction de volume n'atteignait à peine que 42 à 45 pour 100; maintenant au contraire la réduction descend à 40, 38 et même 35 pour 100, d'après les vérifications de la commission à Einbeck. J'ai comparé les chiffres et je suis arrivé à cette conclusion : Par la pression obtenue cette année de presses beaucoup meilleures que la vieille presse hydraulique, nos résidus ont tant gagné en valeur nutritive que le chiffre de 5 sgr. ne me semble nullement exagéré, en prenant pour base les rapports des nombres établis par M. Wicke. Du reste, et je dois le dire, comme la pression donne des produits très-variables, je ne me crois pas autorisé à combattre les assertions de M. le docteur Bergmann par les observations de M. Schulz; cependant plusieurs chimistes m'ont dit que l'eau exprimée contenait à peine de traces de substance alimentaire. C'est donc appuyé du jugement des hommes compétents que je me suis enhardi à dire que l'eau éliminée n'emporte pas une proportion de substance alimentaire aussi considérable que le dit M. Bergmann, ce qui ne m'a pas empêché de déclarer, dans la dernière assemblée générale, qu'il ne fallait pas trop accroître la pression; j'ai dit positivement, au contraire, que si on augmentait la pression, l'eau éliminée entraînerait une quantité de substance alimentaire plus considérable que maintenant; j'ai donc engagé à ne pas aller trop loin. Je réponds à la seconde question que les recherches de différents chimistes et les miennes propres m'ont amené à reconnaître, que les résidus de la diffusion pris à des jours différents contiennent en moyenne de 13 à 15 pour 100 de substances sèches, et qu'une commission de chimistes opérant à Einbeck sur des résidus comprimés est arrivée exactement aux mêmes chiffres.

Dans mes expériences avec la presse, pour travailler économiquement, j'ai remplacé les laines des plateaux par des toiles-métalliques, et il en est résulté que les pulpes comprimées entre les tissus métalliques étaient toujours plus sèches que celles comprimées entre les tissus de laine; or quand M. le docteur Stammer constatait le premier la différence de 15 à 18, il opérait, sans le savoir, sur des résidus pressés entre des toiles métalliques. Depuis que je l'ai prévenu de ce fait, il est allé lui-même prendre à la presse de nouveaux échantillons et il a retrouvé le chiffre de 18 pour 100 de substance sèche, en sorte que je me crois autorisé à publier ce fait intéressant qui ne ressort pas de mes propres analyses.

M. Bergmann. — Je considère comme exact ce que M. Schöttler dit de la puissance éventuelle de sa presse, mais si l'on arrive avec elle à des résidus contenant jusqu'à 18 pour 100 de substance sèche, il me semble qu'il est impossible que le chiffre de 38 pour 100 annoncé par M. Schöttler soit exact, car les résidus de fabrique qui, comprimés, se réduisent à 16 pour 100, ne contiennent que de 29 à 30 pour 100 de substances sèches. La perte de substance nutritive causée par l'excès de compression doit être encore plus grande que je ne l'ai indiqué précédemment.

Ne croyez pas que j'aie des préjugés contre la diffusion. Je veux seulement y voir clair et me former un jugement exact. Dans le temps, M. Bautler a rapporté que vous aviez construit une presse qui exprimait des résidus de la diffusion la plus grande partie de l'eau, et cependant vous n'éliminez que 4 pour 100, de sorte qu'il en reste encore 88,5 pour 100. Je vous prie seulement de me dire si je me trompe dans mon calcul.

M. Bautler. — Je constate que M. Bergmann me reproche pour la seconde fois d'avoir dit que M. Schöttler avait combiné une presse capable d'éliminer la plus grande partie de l'eau. Que M. Bergmann me permette de le lui dire tout d'abord : mes paroles n'étaient pas la traduction de chiffres donnés par des balances et des poids, et je n'ai pas la prétention de calculer après lui si la plus grande partie de l'eau contenue dans les résidus est ou n'est pas éliminée. Je me bornerai à reconnaître, pour tranquilliser M. Bergmann, que s'il y a une différence entre mon affirmation et la réalité des faits, j'ai voulu simplement dire que la compression telle que **M.** Schöttler la pratique maintenant, est sensiblement plus efficace qu'autrefois. Cet avantage profitera surtout à ceux qui ont des résidus à faire venir de loin, ils payeront moins de frais de transport pour une eau inutile. Mon intention était seulement d'insister sur ce fait, qu'un inconvénient, reproché d'abord à la diffusion, était notablement amoindri; et je suis tout prêt à demander que la reproduction de mes paroles soit modifiée dans ce sens.

M. LE DOCTEUR CUNZE. — Nous avons fait faire de nombreuses déterminations de la proportion de matière sèche contenue dans la masse, et nous avons trouvé en moyenne 14 pour 100. Le motif pour lequel **M.** Bergmann en a trouvé si peu, est peut-être qu'il se sera attaché à prendre ses échantillons de préférence dans les portions humides. Je pourrais ajouter ce que je tiens de **M.** le docteur Kuhne : il a examiné et analysé l'eau éliminée par la pression, et il a trouvé qu'on n'y trouvait pas du tout de substance nutritive, et surtout de matière azotée.

M. BERGMANN. — Si vous n'accordez pas confiance à mes chiffres, ce ne peut être que parce que j'ai pris pour point de départ les nombres 75 et 38 pour 100, qui, suivant vous ne seraient pas exacts, et vous entraîneraient à votre tour dans l'erreur ! De fait, dans la pression, vous ne descendez jamais de 75 à 38 pour cent, et voilà pourquoi vous obtenez plus de 38 pour 100 de résidus de diffusion comprimés.

Les échantillons ont été pris par moi à Einbeck et dans le wagon de chemin de fer, de façon à ce que je fusse assuré d'avoir un échantillon moyen vrai, et je ne révoque nullement en doute l'exactitude de l'analyse de M. le docteur Schulze.

M. Schöttler. — En ce qui concerne les chiffres, je suis aussi d'avis que celui de 76 pour 100 est inexact. J'ai la certitude que quand les résidus sortent des vases, ils pèsent plus que la betterave traitée. Je me suis souvent exprimé dans ce sens. A Rautheim, je me suis assuré que les nombres 75 à 76 pour 100, admis d'abord par M. d'Ecker, étaient absolument faux.

Quant à ce qui concerne les recherches sur la masse, je ne conteste nullement les assertions de M. le docteur Schulz, mais je ferai remarquer que la première fois que la commission a analysé les résidus de presse, ils avaient à peu près la même proportion de substance sèche que le tas dont ils provenaient. Nous n'avons que deux presses ; nous devons, par conséquent, faire un travail forcé, si nous ne voulons pas être encombrés ; voilà comment il est fréquemment arrivé que la pression a été incomplète ; ce que rapporte M. Bergmann peut donc être parfaitement exact, sans pour cela que mes assertions soient en rien contraires à la vérité.

Quant à la différence constatée dans la pression, selon qu'elle est produite par l'intermédiaire d'une étoffe de laine ou d'une toile métallique, je pense que le fil de la laine ou de la toile est ce qui conduit le liquide aux plateaux. Or, si j'augmente graduellement la pression, la conductibilité du fil devient plus faible, tandis que celle du tamis métallique reste la même. C'est à quoi j'attribue le fait que sous la même pression, on obtient avec la toile métallique une plus grande augmentation de substance sèche.

Je dirai seulement encore qu'ici dans le Brunswick et même plus loin, il a été vendu des masses de quintaux de résidus comprimés ; le plus grand nombre des acheteurs m'ont transmis leur opinion, et elle est très-favorable à cet aliment. On m'écrit que M. Wrede, à Wendessen, qui en avait reçu un chargement, en a encore commandé, bien que nous ayons fixé leur prix à 7 1/2 silbergros pris à Wolenbuttel. Il faut donc que M. Wrede ait trouvé qu'à ce prix l'aliment est encore avantageux. Je sais en outre que d'autres êtres très-compétents se sont prononcés sur la valeur alimentaire des résidus ; ce sont nos chers bestiaux. La fabrique de sucre de Bahrendorf avait fait venir 200 quintaux de résidus, au prix de 9 1/2 silbergros, et elle les avait à peine reçus, qu'elle m'écrivait : « Notre bétail s'étant prononcé si favorablement pour le procédé de la diffusion, nous vous prions de nous en envoyer 2000 quintaux d'Einbeck à Langenweddingen.

M. LE DOCTEUR CUNZE. — Je ferai remarquer encore que la valeur d'un aliment ne doit pas être jugée seulement par sa composition chimique ; et qu'il faut aussi faire entrer en ligne de compte les conditions du mélange de ses divers éléments.

Les résidus de la presse, du turbinage et de la macération peuvent avoir subi une perte notable de valeur alimentaire par cela seul que la pulpe passe dans le vesou ou jus.

M. KNAUER. — Nous avons entendu se manifester des jugements très-différents, et qui ont incontestablement un fondement réel. Autant que j'ai pu m'en convaincre, il peut résulter de la construction d'une presse et de son mode de chargement, que dans une même charge traitée, il se trouve des résidus au titre de 18 pour 100, et d'autres au titre de 12 à 14 pour 100. Vous avez certainement vu presque tous des fabriques de ce genre, et vous aurez remarqué que les presses sont semblables entre elles, comme les cylindres compresseurs d'huile. Dans un cylindre, on met une certaine quantité de la masse à comprimer ; par-dessus on met une plaque de tôle avec garniture en drap ; puis encore de la masse à comprimer ; cette masse forme tas au milieu, et les ouvriers l'étalent avec la main. Mais il en reste toujours plus au centre que sur la circonférence ; de sorte que la masse centrale sera la plus comprimée. L'épreuve donnera donc des résultats différents, suivant que l'échantillon sera pris au centre ou à la surface. Et par cela même que M. Bergmann a extrait directement son échantillon de la presse, c'est-à-dire près de la surface, il a dû la trouver moins riche en matière sèche. Pour arriver à un résultat exact, il faut d'abord bien mêler le tourteau et prendre ensuite l'échantillon à analyser.

M. BERGMANN. — Je crois pourtant avoir pris de bons échantillons, car l'analyse de l'échantillon extrait de la presse a donné sensiblement la même composition que l'échantillon pris dans le wagon.

LE PRÉSIDENT. — Je crois qu'il est désirable de remettre cette question à l'ordre du jour de la prochaine réunion pour que l'on puisse combattre à armes égales. Il est en outre désirable que M. Schöttler communique d'abord ses observations à M. Bergmann, afin que celui-ci ne soit pas pris au dépourvu. . . . .

Le Président. — Si personne ne réclame nous passons à l'ordre du jour, et nous allons discuter la question suivante :

4. — Quelles sont les pertes éprouvées dans les diverses méthodes d'extraction des jus, en regard des chiffres produits par M. Schöttler ?

Le docteur Eisfeldt. — Pour mieux poser la question, je prierai d'abord M. Schöttler de réduire ses nombres et surtout les minimum de perte de sucre subis dans les divers procédés de pression.

Dans sa publication, il indique 1 pour 100 comme minimum, or, dans ma fabrique par exemple cette perte n'est que de 0,75 pour 100.

M. Bergmann. — Dans le cahier de décembre dernier du journal, M. Schöttler est entré dans beaucoup de détails sur le procédé de diffusion qu'il applique dans la fabrique de sucre d'Einbeck; et il vient de compléter son travail par les conclusions qu'il vient de nous communiquer. Nous sommes tous certainement grandement reconnaissants envers M. Schöttler de ce travail très-fatigant, et nous en avons lu tous les résultats avec beaucoup de soin et d'intérêt.

Quant à moi, je lis avec la plus grande attention possible tout ce qui concerne le procédé de la diffusion; non pas que je sois prévenu contre lui comme on l'a prétendu, mais parce que je veux y voir clair, et qu'il m'importe beaucoup de bien me convaincre des avantages qu'il peut avoir sur les autres méthodes d'extraction des jus. M. Schöttler comme fabricant de sucre a, il est vrai, le même intérêt que moi ; mais quand il met en regard de ses chiffres, les chiffres des pertes subies par les autres procédés dans des conditions qui ont toute l'apparence d'une réclame en faveur de la diffusion, il ne nous apparaît plus que comme un constructeur de machines ; et je regrette beaucoup qu'en agissant ainsi il retarde de plus en plus les éclaircissements que j'attends avec tant d'impatience. Une bonne chose fait toujours son chemin par elle-même. — M. Schöttler n'aurait pas dû oublier qu'il est fabricant de sucre ; que parmi les fabricants de sucre il est un des constructeurs de machines les plus expérimentés ; qu'il possède à un très-haut degré la confiance des fabricants du Brunswick, et que dans cette situation unique ses chiffres ont un très-grand poids. — Je ne doute nullement que M. Schöttler connaisse des fabriques qui donnent des résultats aussi mauvais que ceux qu'il a indiqués ; mais, messieurs, alors que M. Schöttler apporte les résultats excellents obtenus de son procédé de la diffusion, et puisqu'on ne saurait nier qu'on peut aussi opérer mal avec la diffusion, M. Schöttler, s'il veut être juste, doit citer les résultats les plus excellents des autres procédés d'extraction des jus, afin qu'on puisse établir la comparaison sur des données authentiques présentées dans les mêmes conditions d'impartialité.

Par exemple, dans son troisième tableau, relatif au procédé centrifuge, M. Schöttler m'a demandé communication des données qu'il y insère ; je lui ai répondu très-consciencieusement. M. Schöttler connaît de plus les chiffres de mes pertes de sucre causées par le turbinage. Il les a vus dans le procès-verbal de la dixième assemblée

générale du Brunswick et dans le Journal de l'association.
J'ai moi-même personnellement appris à M. Schöttler que
notre perte en sucre était en moyenne de 0,218 seulement; malgré cela M. Schöttler écrit les chiffres 0,75
à 1,50 sans tenir compte de mes résultats, au moins dans
la comparaison avec son minimum.

Je puis vous affirmer, messieurs, que ces chiffres sont
authentiques, et que les mêmes personnes qui ont étudié le
procédé de la diffusion à Einbeck, MM. les docteurs
Stammer, Schleuning et M. le directeur Heidingsfeld, etc.,
ont aussi étudié sur mon procédé centrifuge, et ont constaté que la perte en sucre, par une méthode centrifuge, y
compris la perte due au frottement, n'est que de 0,299.

Je me réjouis dans l'intérêt de notre très-digne collègue,
M. Frickenhaus, de pouvoir présenter de si beaux résultats. Je me réjouis plus encore de pouvoir opposer aux
assertions de M. Bautler (voir la treizième assemblée générale) l'annonce qu'il existe des fabriques qui ont fait l'application du procédé centrifuge avec le succès que nous
lui souhaitions et que nous étions en droit d'en attendre.

M. Schöttler croit en outre être dans le vrai quand il
affirme que la perte par le procédé de la presse est de 1 à
1,50 pour 100. Le maximum est peut-être exact; mais
certainement le minimum ne l'est pas. Pendant treize ans,
j'ai moi-même pressé avec passion; entre autres, l'examen des résultats moyens de la campagne 1863-1864 m'a
donné les chiffres suivants pour les résidus de la presse.

Densimètre–Brix.	Polarimètre.
7,5	5,945

100 parties de résidus de presse frais contenaient :

Eau : 66,430 ; sucre : 4,199 ; fibre ligneuse : 29,371.

Donc sur 100 quintaux de betteraves la perte a été de 0,668.

Maintenant en ce qui concerne les résultats du procédé de la diffusion, M. Schöttler nous donne comme moyennes de 1867-1868 les chiffres suivants ;

```
Richesse des betteraves..................   11,42
Masse cuite ..............................   12,27
Sucre.....................................    8,47
Différence entre le sucre et la richesse des
    betteraves............................    2,95
```

C'est proportionnellement beaucoup pour la masse cuite, mais c'est peu de sucre. Il est vrai que toute la masse cuite n'est pas sucre.

En présence de ces résultats, je vais mettre ceux que nous obtenons par la rotation centrifuge. Ce n'est pas que je veuille traiter ici du procédé centrifuge, j'en parle, seulement parce que je l'emploie.

Résultats moyens en 1867-1868 :

```
Richesses des betteraves..................   11,17
Masse cuite...............................   11,84
Sucre.....................................    8,80
```

Notre procédé centrifuge donne donc une perte totale en sucre de 3,37 tandis que la perte par la diffusion à Einbeck est de 2,95.

Il est vrai cependant que dans une autre fabrique que je connais, et où le procédé de la diffusion est principalement pratiqué avec un très-grand soin, les résultats moyens de la fabrication sont pour la campagne 1867-1868 :

Richesse des betttraves................ 11,60
Masse cuite......................... 13,26
Sucre...............................   9,30

La différence entre le sucre et la richesse des betteraves est de 2,30, ce qui fait 0,07 de sucre de plus que par notre procédé centrifuge.

Je dois ajouter que nos sucres obtenus par le procédé centrifuge sont classés parmi les meilleurs sucres bruts du marché.

Ces chiffres, je le reconnais, plaident éloquemment, selon moi, la cause de la diffusion. Si j'avais à fonder une nouvelle fabrique, il est vraisemblable que, la balance faite des avantages et des inconvénients, je me déciderais pour la diffusion ; mais pour des fabriques déjà en possession d'un bon procédé d'extraction du jus je n'oserais pas leur conseiller de se transformer en fabriques à diffusion. Nous ne devons pas d'ailleurs oublier que le procédé de la diffusion est nouveau, et que tout ce qui est nouveau est susceptible de perfectionnement. Je compte sur le temps pour me familiariser avec le procédé de la diffusion et l'étudier à fond.

M. KNAUER. — Je crois qu'il est bon de ne pas nous arrêter longtemps sur cette question, car nous en avons encore de très-importantes à traiter.

M. SCHÖTTLER. — J'ai déclaré à plusieurs reprises que je ne suis pas chimiste, et par suite que je n'ai pas pu faire les analyses moi-même : je m'en suis rapporté à la per-

sonne que M. Scheibler m'a indiquée comme digne de confiance et qui m'a fourni mes données. Quant au procédé
de la presse, M. le docteur Bodenbender me dit qu'à Bahrendorf, avec la double pression on n'a jamais subi de
perte de sucre moindre que 3/4 pour 100. Des données
semblables m'ont été fournies relativement au procédé
centrifuge; je me suis en conséquence considéré comme
en droit de citer ces chiffres; et si je les donne comme des
moyennes (ils ne se rapportent pas à une seule fabrique),
je crois être en droit de les maintenir, sans vouloir, en rele-
vant les différences, faire de réclame soit pour, soit contre
la diffusion. Mon but a été seulement de rendre clairs et
sensibles les résultats du travail par diffusion. Quant au
reproche de M. Bergmann, de n'avoir pas eu égard à ses
données relatives à la perte en sucre, je crois que ces données ont été insérées dans des travaux antérieurs, sans
m'avoir été communiquées. Je remettrai aux membres de
la commission les deux lettres que j'ai reçues pour prouver
qu'elles ne contiennent rien de semblable. Une des lettres
de M. Bergmann roule tout entière sur cette question. —
Combien ajoute-t-il d'eau à ses jus? — Quelle est la densité du jus dans les chaudières à défécation. Il y indiquait
le chiffre de 7,84 pour 100 Brix en ajoutant 86 pour 100
d'eau. C'est ce chiffre que j'ai accepté, quand j'ai écrit 7
à 8 pour 100 Brix. Je ne me suis rien permis de plus, si
ce n'est d'ajouter un point d'interrogation parce que je
voulais vous faire remarquer qu'on avait à Ierxheim une
très-bonne betterave.

XX

EXTRAIT

DU COMPTE RENDU DE LA SÉANCE DU 18 MAI 1868 DE L'ASSEMBLÉE GÉNÉRALE DES FABRICANTS DE SUCRE DU ZOLLVEREIN, TENUE A MAGDEBOURG.

Le Président. — Passons maintenant à la question suivante : — Quels sont les faits constatés par l'expérience de cette année touchant le procédé de la diffusion ? — Je demande en même temps si nous ne voulons pas discuter simultanément les questions qui viennent après. (*Oui, oui!*)

Je vais donc poser en même temps les questions :

14. — Quel est le procédé de défécation qui a été reconnu le meilleur pour la diffusion ?

15. — Comment les sucres bruts et produits accessoires obtenus par la diffusion se comportent-ils dans la fabrication en sucres bruts et raffinés ?

16. — Les grands vases sont-ils préférables aux petits ou inversement dans le procédé de la diffusion ?

M. Ahrens. — Il y a deux ans je n'ai pu assister à la séance de l'assemblée générale de Brunswick, et je me suis en conséquence permis de lui adresser un petit rapport sur la diffusion. Deux ans se sont écoulés, et les principes et les faits qui y étaient exposés, ont trouvé leur confirmation dans six fabriques dont j'ai les résultats sous les yeux. Avant toutes choses, c'est sur la question de l'alimentation que je dois appeler l'attention. Nous avons atteint un résultat très-remarquable : auparavant nous n'avions pas d'excédants en aliments; aujourd'hui tous nos efforts ont pour but la consommation des aliments disponibles. Si on admet que pour 100 kil. de betteraves on obtient 72 à 73 kil. de tranches non exprimées; qu'après les avoir retirées des fosses et laissé fermenter, il en reste 56 pour 100, la ration que nous en donnons au bétail de trait ou d'engrais, n'est nullement en harmonie avec ce que nous pouvions donner de résidus des presses.

Nous avons coutume de donner, par tête de gros bétail, pour l'engraisser, de 20 à 25 kilos de résidus de presse, avec 1 à 1/2 kilos de tourteaux et 2 1/2 à 3 kilos de paille hachée. Aujourd'hui nous donnons au bétail à engraisser 37 kilos 1/2 de tranches, 1 kil. de tourteaux, 2 kilos 1/2 de trèfle, 1 kilo de paille hachée. Aux bêtes de trait nous donnons 45 kilos de tranches, 1 kilo tourteaux, 1 kilo de maïs (grain ou paille de maïs), 1 kilo de trèfle et 3 kilos 1/2 de paille hachée. En mettant en regard ces 37 1/2 à 45 kilos de tranches et les 20 à 25 kilos de résidus de presse, on est tout surpris de voir que le bétail est engraissé au bout de quatre mois avec cette quantité. C'est la preuve la plus palpable que les tranches possèdent une valeur nutritive plus grande que les résidus des presses, et plus grande que nous ne l'avions cru dans le principe. Les filtres à écumes donnent 4 pour 100 d'écumes de défécation avec le procédé des presses; ce nombre est maintenant réduit à 2 pour 100, c'est-à-dire de moitié. Quant à ce qui concerne la défécation, j'ai eu l'occasion de voir à l'œuvre les trois méthodes de défécation : la défécation ordinaire avec addition de 1 pour 100 de chaux, ce qu'on appelle la petite saturation; puis le procédé de Jelinek; enfin, dans une troisième fabrique, le procédé Perier-Possoz. Dans aucune des trois fabriques, je n'ai rien pu remarquer qui me permît de donner la préférence à un procédé ou à l'autre. Quant à ce qui concerne la grandeur des vaisseaux, c'est une question qui ne dépend que des quantités à traiter, et c'est à chaque fabrique de fixer ses dimensions en prenant pour base la quantité de betteraves qu'elle veut traiter; mais il me semble que des vases d'une grandeur moyenne sont préférables, et qu'il doit y avoir une certaine limite que l'on ne doit pas dépasser, afin d'éviter la formation de rigoles, de marres et autres inconvénients semblables.

M. Leeliger (Brunswick). — Je dois encore demander au préopinant une explication. Il a dit qu'il y avait environ 72 à 73 pour 100 de tranches, et qu'alors que les tranches fermentées eussent été retirées des fosses il n'y avait plus que 56 pour 100. Je voudrais savoir si ce sont 56 pour 100 du poids primitif des betteraves ou des 72 pour 100 de tranches.

M. Ahrens. — Quand on met 100 kilos de tranches dans les fosses, il en est retiré 56 kilos. Les 25 pour 100 d'eau sont évaporés par suite de la fermentation, et en partie enlevés par le sol perméable des fosses : en faisant le calcul, on voit qu'on a 56 kilos de tranches fermentées pour 100 kilos de betteraves.

M. Seyfert. — Les communications que vient de nous faire M. Ahrens, sont certainement très-instructives pour nous tous ; mais j'avoue qu'elles m'ont extrêmement surpris : et en effet, toutes les observations, toutes les expériences nous ont toujours dit que la valeur d'un aliment est déterminée par la quantité de substance solide, et c'est précisément ce que contredisent les siennes; c'est tout à fait anormal. Admettons que dans les cellules intactes des tranches, il soit resté plus d'albumine que dans les résidus de presse, la quantité de substance solide n'en sera pas moins la base des calculs, et ce ne sera jamais la quantité d'eau. Or, la proportion d'eau prédomine de beaucoup dans cet aliment, à tel point que ces 56 pour 100 ne sont presque que de l'eau, tandis que dans l'autre aliment il est contenu une beaucoup moindre quantité d'eau. L'eau ne nourrit pas; ce ne pourrait donc être que l'albumine, dont la proportion est plus forte; malgré cela, il est incompréhensible que cette albumine, dont après tout le chiffre est toujours excessivement faible, puisse contre-balancer l'énorme quantité d'eau qui est ingérée dans le corps de l'animal. Je voudrais bien interroger à cet égard nos chimistes, car à mon avis cela est impossible.

M. Ahrens. — Je crois pouvoir résoudre la difficulté en revenant sur quelques chiffres. En admettant que le bétail de trait ou à l'engrais consomme 45 kilog. de tranches, cela correspond à environ 15 kilog. des anciens résidus de presses. J'admets que 100 kilog. de betteraves donnent à la presse 20 kilog. de résidus; en donnant donc ces 20 à

25 kilog. de résidus, je donnais les résidus d'environ 2 1/2 quintaux de betteraves. Si maintenant je nourris avec 45 kilog. de tranches fermentées, je donne le résidu de 1 1/2 à 2 quintaux de betteraves; et si, quoique cette forte proportion d'eau y soit contenue, l'animal profite si bien de cette alimentation, c'est une preuve de la conservation dans les résidus de la diffusion, des véritables principes alimentaires qui auraient en partie disparu sous l'influence de la presse. En même temps que les tranches, je donnais aux animaux plus de substance sèche sous forme de paille hachée et de trèfle; malgré cela, il est toujours remarquable que les animaux aient si bien conservé leurs forces. Si nous conservions les autres aliments et si nous ne donnions que les résidus de 2 quintaux de betteraves, obtenus par la voie de la presse, les animaux ne se trouveraient pas dans l'état où ils sont maintenant. Il ne faut point trop faire attention ici à la grande quantité proportionnelle d'eau, parce que l'eau qui est contenue dans 45 kilog. de tranches, ne dépasse pas la quantité d'eau qu'en général l'animal peut prendre dans les 24 heures; en un mot, nos bœufs boivent beaucoup moins; l'eau qu'ils prendraient comme boisson, ils la prennent avec l'aliment lui-même; par contre, les tranches, parce qu'elles sont sous une forme dans laquelle les principes nutritifs sont plus assimilables, sont plus complétement digérées que les résidus de presse.

Le Docteur Cunze. — Messieurs, à mon avis ce n'est pas ici le lieu de discuter les progrès manufacturiers et les expériences acquises en matière de diffusion. La communication des résultats peut seule intéresser la majorité. Nous travaillons à la diffusion depuis trois campagnes, et l'accès de notre fabrique est ouvert à tout le monde; j'ai communiqué à tout le monde ses résultats en détail, et si je dis que ceux qui attachaient quelque importance à connaître tous les résultats, ont pu les connaître dans leur entier, je n'aurai rien dit de trop. Nous ne pouvons pas nous proposer de convertir ceux que je pourrais placer dans la catégorie des incrédules. La seule chose que je doive mentionner ici, c'est que nous avons tout lieu d'être satisfaits de nos résultats; je ne peux que plaindre celui qui construit maintenant une nouvelle fabrique et qui ne l'établit pas d'après la diffusion.

M. Schöttler (Einbeck). — Je travaille aussi à la diffusion, et dans différentes circonstances j'ai eu l'occasion d'en parler. J'ai communiqué mes observations au journal, et je m'abstiens de toute nouvelle remarque; si je fais cette déclaration, c'est pour que mon silence ne soit pas interprété en mauvaise part contre la diffusion.

M. Riedel (Halle). — En ce qui concerne le côté pratique, je ne voudrais qu'ajouter une petite communication statistique indiquant combien il y a de fabriques appliquant la diffusion. L'an dernier, il en a été fondé trois dans le Zollverein, ce qui fait en tout cinq. Le nombre en Autriche s'est accru de huit, en sorte que vingt et une fabriques y emploient la diffusion. En Pologne et en Russie, il s'en est établi quatre, ce qui en porte le nombre total à sept. Jusqu'ici la France est entièrement fermée à la diffusion. C'est donc en tout environ quarante fabriques qui travaillent à la diffusion.

M. Reimann. — Je voudrais adresser une question. Paye-t-on l'impôt en Autriche par abonnement sur l'appa-

reil de diffusion, ou l'impôt se paye-t-il sur les betteraves ?
C'est un détail très-important à connaître.

M. Ahrens. — Jusqu'à présent, la betterave, en Autriche, n'a payé l'impôt par abonnement que dans une seule
fabrique ; dans toutes les autres il faut peser les betteraves,
parce que, d'après la loi, dans toute nouvelle fabrique,
l'outillage doit être d'abord expérimenté au point de vue
du rendement. On n'arrivera que plus tard à établir un
abonnement à raison du pied cube.

M. Riedel. — Je dois encore répondre à une autre
question ; je dirai donc que les fabriques qui ont établi l'an
dernier la diffusion avaient précédemment travaillé à double pression et selon le procédé Schlickeysen ; en général, elles sont très-satisfaites de la diffusion. Et, cependant, le mode d'établissement des taxes en Autriche est
considéré comme extrêmement défavorable ; car ceux qui
introduisent la diffusion se voient placés dans la désagréable situation d'avoir à payer un tiers d'impôt de plus
que les autres.

M. Reimann. — Y a-t-il en Autriche une fabrique à
diffusion qui fasse le sucre cristallisé ?

M. Ahrens. — Je dois remarquer que la plus grande
partie travaillent les pains couverts. Il y a deux ou trois
ans j'ai eu l'occasion d'établir un parallèle entre deux fabriques situées dans le même enclos, où chacune travaillait
séparément. J'ai pu y comparer la diffusion avec la double
pression et le procédé Schlickeysen. J'ai eu aussi l'occasion, cette année-ci, de voir les résultats obtenus avec un
pareil arrangement à Prerau, pendant une campagne qui
s'est prolongée fort longtemps. Dans la fabrique qui était

établie à double pression, il a été absolument impossible d'obtenir du sucre en grains pendant les trois dernières semaines; il n'a pu être question là d'aucun clairçage, tandis que dans la fabrique à diffusion on a obtenu jusqu'au dernier moment de bons jus qui se laissaient parfaitement claircer.

M. Pischgode (Brieg). — Je me permettrai de faire observer à M. Reimann que, dans la dernière campagne, nous avons obtenu jusqu'au dernier moment des produits en sucre cristallisé.

M. Reimann. — Mais il me resterait à vous demander combien de noir on a employé pour cent.

Le président. — Quelqu'un de ces Messieurs qui ont fait prendre des renseignements à Einbeck cet hiver, est-il autorisé à faire des communications à ce sujet, et lesquelles ?

M. Schoettler. — MM. le docteur Heidingsfeld, Schleuning et Stammer ont séjourné dix à douze jours à Einbeck ; ils y ont étudié avec une grande attention la diffusion dans tous ses détails, et ils ont rapporté à leurs mandants un compte rendu très-détaillé de leurs observations. Ce compte rendu m'a été transmis avec une lettre qui exprimait le désir que les résultats des recherches de ces Messieurs ne fussent pas rendus publics par moi ; et, conformément à ce désir, j'ai dû m'abstenir de toute publication ; mais je peux dire à M. Reimann que les renseignements pris par ces Messieurs n'ont nullement été défavorables au procédé.

Le docteur Bodenbender. — Je me suis trouvé pendant quelques jours à Einbeck simultanément avec ces Messieurs, et, n'ayant aucun motif pour tenir secrètes mes observations sur la diffusion, je me permettrai de dire que j'ai été étonné des résultats avantageux qui ont été constatés. La quantité de noir d'os employée n'a pas dépassé 8 p. 100. Les jus étaient très-beaux ; les masses cuites remarquablement belles. Quant aux chiffres des pertes, M. Schoettler les a déjà communiqués au journal de l'association.

XXI

EXTRAIT

DE LA RÉUNION DU 21 JUIN 1868, TENUE A KREMSIER PAR L'ASSOCIA-
TION DE L'INDUSTRIE SUCRIÈRE DE L'EMPIRE D'AUTRICHE.

LE PRÉSIDENT M. ROBERT. — Passons maintenant à la discussion des questions technologiques.

7° *Diffusion*. De combien le rendement en jus est-il supérieur à celui du procédé de la presse; quelles économies réalise-t-on en frais de main-d'œuvre, sacs, etc. ?

Qui demande la parole?

M. LE DOCTEUR WEILER. — Je pourrais répondre brièvement à la question en m'en tenant à son énoncé : De combien le rendement en jus du procédé de diffusion est-il supérieur à celui de la presse? Vous savez tous que par la pression simple, pratiquée une seule fois, on n'obtient que 78 pour 100 de jus, et dans le cas le plus favorable seulement 80 pour 100 ; par la pression réitérée, on gagne un peu plus, et le gain est proportionnel à l'eau ajoutée. Quant aux économies sur les salaires et les sacs, etc., on n'a qu'à voir ce qui se passe dans la pratique. Pour le traitement de la betterave par la presse, la quantité étant de 12 à 1400 quintaux par charge, il faut 55 ouvriers; pour une égale quantité de betteraves, la diffusion en exige seulement 18. Par le procédé de la presse, les salaires reviennent à 4 kr. 50, par quintal; par la diffusion à 1 kr. 25. Quant aux sacs de presse, chaque fabricant sait combien il en use par campagne en opérant sur tant de milliers de quintaux; la diffusion les supprime. Je crois en avoir assez dit, et que la question a reçu une réponse satisfaisante.

M. LE PRÉSIDENT. — Ceux qui ont travaillé d'après ce système ont-ils quelque chose à ajouter?

M. INTRZENKA. — Il faudrait connaître l'excédant de rendement en jus; nous ne savons encore rien là-dessus. On ne nous a rien dit d'un excédant.

M. LE DOCTEUR WEILER. — Par le procédé de la presse, le rendement en jus n'est que de 78 et au plus de 80 pour 100, avec simple pression, tandis que je sais que par la diffusion on peut obtenir 92 pour 100.

M. INTRZENKA. — Avec la pression réitérée, le rendement en jus va de 89 à 90 pour 100, sous la condition d'une addition de 50 pour 100 d'eau.

M. LE PRÉSIDENT. — Mais l'eau est aussi nécessaire pour la diffusion?

M. INTRZENKA. — Oui, aussi 50 pour 100.

M. LE PRÉSIDENT. — Mais comment arrivez-vous par la presse au rendement de 89 à 90 pour 100? Il est bien vrai que l'addition d'eau ne se fait que lors de la réitération de la pression; ce n'est que le premier jus qui est du jus de betteraves pur; ici, au contraire, la totalité du jus est étendue d'eau; mais vous avez au moins 30 pour 100 d'eau à évaporer, et il est incontestable que la pression réitérée présente de graves inconvénients.

Voici quels sont les avantages de la diffusion. D'abord le jus est plus pur, ensuite on en obtient davantage, enfin le procédé est plus économique. Mais il est question ici de l'excédant d'extraction du jus. Or les 89 pour 100 possibles par le procédé de la presse, ne sont atteints que dans les meilleures circonstances, tandis que nous avons pu dépasser 90 pour 100. Je sais d'ailleurs que dans le procédé de la pression, on ne donne que 30 pour 100 d'eau aux premiers résidus.

Par la diffusion on arrive à l'extraction complète du jus de la bétterave, pourvu qu'elle procède régulièrement, qu'elle ne dure pas trop longtemps, que le jus ne soit pas trop étendu d'eau; qu'on reste en un mot dans les conditions voulues de chauffage, de pureté de l'eau, de température et de temps nécessaires, pour empêcher la décomposition et la formation des acides. Il faut se garder d'avoir de l'eau à une température trop élevée, parce que l'excès de chaleur peut facilement devenir nuisible; en un mot, il faut être attentif à tout surveiller. Il faut aussi avoir des betteraves saines, qui ne soient pas pourries; je n'ai pas besoin de dire que c'est une condition de premier ordre. Il arrive fréquemment que l'on fait bien exactement tout ce qu'on doit faire et qu'on n'obtienne pas de bon jus : c'est quand la betterave est avariée.

On n'a pas introduit, on n'a pas du moins voulu introduire quelque chose de plus mauvais que ce qui existait; la diffusion a dû être un pas vers le progrès et le plus près possible du progrès, et l'on ne s'est pas avancé sans avoir la conviction qu'il y avait là réellement quelque chose de neuf et de meilleur. Partout où depuis deux ou trois ans la diffusion a été introduite, on a acquis de l'expérience, on a pu faire des comparaisons. Je crois que plusieurs des membres de la réunion ont pratiqué la diffusion et qu'ils voudront bien nous faire part de leurs expériences.

M. Quoika. — *Je regrette beaucoup que personne ne* veuille prendre la parole. La question est extrêmement importante; elle vaut bien la peine que ceux des fabricants qui ont adopté un procédé veuillent bien nous édifier sur sa valeur. J'ai cependant une observation à faire sur ce qu'a dit M. Weiler. Il parle de 18 ouvriers : or je les trouve parmi ceux qui sont occupés dans la fabrique; on doit pourtant ajouter à ce nombre ceux qui sont occupés en dehors pour l'enlèvement des résidus. Que le fabricant paye les salaires sur un point ou sur un autre, cela lui est égal, c'est toujours un déboursé. Le nombre des ouvriers hors de la fabrique, occupés à enlever les résidus, est remarquablement grand dans le procédé de la diffusion. Pour un traitement de 1400 quintaux de betteraves par jour, il y a 14 ou 16 ouvriers occupés hors de la fabrique, sans compter ceux de l'intérieur. Pourrait-on éviter cela ou du moins réduire ce nombre? Il est certain d'ailleurs que ce procédé donne une économie dans l'extraction, et qu'il supprime les sacs de presse, ce qui n'est nullement à dédaigner. Ce procédé a une telle importance qu'il serait fâcheux que l'on passât sous silence une si grave question, et que personne ne voulût nous donner les informations nécessaires, surtout parmi les fabricants qui ont pratiqué les deux méthodes avec la même betterave. Par exemple,

M. Skene. Qu'il soit assez bon pour nous fournir quelques renseignements et nous mettre au courant de la question.

M. Skene. — Je consens volontiers à communiquer le résultat de mon expérience; mais elle est encore trop jeune pour que je puisse parler d'une manière tout à fait positive. Nous avons d'ailleurs eu de mauvaises betteraves. Quant à l'économie de main-d'œuvre, je ne puis que confirmer ce qui a été dit; car ce que nous avons d'ouvriers en moins dans la fabrique, se trouve compensé par le nombre de manœuvres que nous sommes obligés d'occuper à couper et à enlever les tranches diffusées; il n'y a donc, sous ce rapport, rien de changé. Mais nous réalisons une économie véritable par la suppression de tous les sacs ou étoffes de presse, et de leur nettoyage si désagréable. En outre il est moins difficile de surveiller dans la fabrique un atelier de 10 à 14 personnes qu'un atelier de 30 à 40. Nous avons aussi appris par expérience que les jus sont tout à fait normaux, qu'ils cuisent bien et épaississent mieux. Le directeur de ma fabrique, ainsi que le chimiste de la fabrique de Prerau, pourraient vous donner des renseignements plus précis. J'ai trop peu d'expérience encore pour oser vous communiquer des faits que je n'ai pas constatés assez positivement. Les chimistes se sont donné beaucoup de peine à cet égard.

M. Sykowski. — Messieurs, d'après la quantité de betteraves traitées et des résidus, il y a eu pendant toute la campagne un rendement moyen de 92 pour 100; les jus ont été purs jusqu'au 29 décembre. Après la défécation, le titre saccharimétrique des masses cuites était de 83 à 84 pour 100. Dans mon opinion l'avantage est au procédé de la diffusion, en ce qui concerne le rendement et la pureté du jus ; les jus sont moins sujets à l'acidification.

M. LE DOCTEUR WEILER. — Qu'on me permette d'interpeller le préopinant sur un point. Les masses cuites ont-elles donné un titre polarimétrique aussi élevé avec ou sans inversion? Sans inversion, cela me paraît impossible.

M. SYKOWSKI. — Les masses cuites étaient sans inversion.

M. SACHOMEL. — Dans la nouvelle fabrique de Prerau où le procédé de diffusion est introduit, nous avons obtenu, nous aussi, comme moyenne générale de la campagne, un rendement en jus de 92 pour 100. Je ne veux cependant pas dire que l'on puisse obtenir un tel rendement toujours, et dans toutes les circonstances.

Ainsi par exemple, le titre du jus pourra baisser de 2, 3 pour 100 ou davantage, si l'on emploie pour la diffusion de l'eau devenue trouble à la suite de fortes pluies ou du dégel. Dans des cas semblables il faut remédier d'une manière ou d'une autre à l'influence nuisible, qu'une eau impure peut avoir sur la rapidité de la diffusion.

Dans l'ancienne fabrique de sucre, avec le système de pression réitérée, et avec une addition d'environ 50 pour 100 d'eau, nous obtenions de 89 à 90 pour 100 de jus.

Le titre en sucre des résidus de seconde pression avec des betteraves dont les jus indiquaient 10 et 11 pour 100 au polarimètre, a été rarement trouvé supérieur à 2 1/2 pour 100 d'après les méthodes d'analyse les plus exactes, tandis que des résidus de pression simple, avec addition aussi de 50 pour 100 d'eau, titrent de 5 à 6 pour 100 de sucre.

La pureté plus grande des jus de diffusion, comparés aux jus de la presse, surtout au point de vue de leur pauvreté relative en substances protéiques, et de l'absence totale de matière fibreuse si nuisible au jus de la betterave, est un fait reconnu par tout le monde. Chez nous le quotient en sucre des jus de diffusion était d'environ 2 pour 100 plus élevé que celui des jus de presse provenant des mêmes betteraves.

D'après mes essais, les jus de diffusion contiennent un peu plus de sels calcaires que les jus de presse; mais la différence est insignifiante, elle est dans le rapport de 105 à 100.

Au commencement de la campagne, nous avons pendant quelques jours travaillé sans inversion; les jus de diffusion se comportaient parfaitement bien dans tout le cours des opérations et donnaient une masse cuite de 92 de sucre sur 100 de substance sèche. Vers la fin de la campagne nous avons aussi suspendu quelques jours l'inversion; les betteraves étaient très-mauvaises : aussi n'avons-nous obtenu que des masses cuites très-faibles; le rendement en jus des betteraves traitées a été alors de 65 à 70; et le titre en sucre de la masse cuite n'était que de 83 pour 100, rapporté à 100 de substance sèche effective.

M. JULES ROBERT. — Je me permets de faire une observation. La circonstance que les résidus de la diffusion sont plus abondants que ceux de la presse, qu'ils ont plus de volume, surtout quand il s'agit de fabriques nouvelles, n'est point une difficulté qui puisse détourner de l'adoption du procédé. Il y a, il est vrai, quantité d'anciennes fabriques, qui se débarrassent des résidus de la diffusion de la même manière que les fabriques à la presse; il leur faut par conséquent beaucoup plus de monde. Mais il ne faut pas s'assujettir à charger les résidus sur des brouettes pour les porter au wagon; il faut, dès l'établissement de la fabrique, avoir soin de pourvoir à la diminution de la main-d'œuvre, par l'établissement d'une voie ferrée allant de la fabrique aux fosses à résidus. Il n'y a là aucun obstacle à l'introduction de la diffusion; c'est l'affaire de l'ingénieur.

M. Quoïka. — C'est précisément ce dont je veux parler. Si je suis bien informé, cela s'est fait à Czakowicz. Vingt ouvriers y sont occupés à la mise en wagon des résidus. C'est à quoi je faisais tout à l'heure allusion en disant qu'il fallait employer un plus grand nombre d'ouvriers hors de la fabrique. Mais je n'ai pas voulu dire par là que ce fût un défaut inhérent au procédé; je dis seulement que ceux qui l'emploient doivent viser au moyen de verser les résidus dans les wagons sans une dépense de main-d'œuvre aussi forte. C'est sur ce point seul que repose l'économie de main-d'œuvre que produirait la diffusion. Je n'ai d'ailleurs rien à objecter contre le procédé en lui-même.

M. Wessely. — Je me permettrai de faire remarquer à M. Quoika, que ces vingt individus travaillent seulement le jour; employés aussi à l'intérieur de la fabrique, ils ne travaillent que douze heures à la fosse. Ce qu'il y aurait de plus neuf à introduire dans la diffusion, ce serait, comme l'a remarqué M. Jules Robert, l'établissement d'un chemin de fer ou d'un pont allant de la fabrique à la fosse.

On chasse le wagon; un ouvrier le conduit en poussant jusqu'au-dessus de la fosse ou magasin; on ouvre la portière du wagon, les résidus tombent d'eux-mêmes. Il ne faut pour cela que trois ou quatre hommes. Il est aussi nécessaire de tasser les résidus de presse; et, s'il faut un peu plus d'ouvriers pour les tranches diffusées, leur nombre n'en va pas à vingt.

M. Jules Robert. — J'ajoute que quand les résidus de presse ne sont pas assez tassés, ils pourrissent plus vite que les tranches diffusées, parce qu'ils contiennent plus de sucre, qu'ils sont plus poreux, plus spongieux, et livrent un plus facile accès à l'air. Au contraire, les tranches diffusées qui présentent une masse compacte, peuvent être conservées plus longtemps sans pourrir. Leur titre en sucre est moindre, l'air est tellement exclu de leur masse qu'on n'a pas du tout besoin de les recouvrir. Chez nous il s'est trouvé qu'une fosse de pulpes a été en communication avec une fosse à purin; pas une goutte de purin n'a pénétré dans les résidus. Entamés du côté opposé, ils se sont toujours montrés beaux et frais jusqu'à ce qu'on eût atteint le côté envahi par la pourriture. Ces résidus sont tellement denses que l'eau de la pluie elle-même ne peut pas pénétrer dans la masse. Ce résultat s'obtient sans beaucoup tasser, et sans employer beaucoup d'ouvriers; la masse se tasse elle-même, par son propre poids.

Le Président. — On ne peut pas nier que l'enlèvement des résidus n'entraîne une dépense de transport plus forte. Mais d'un autre côté nous voyons qu'ils sont enlevés par des manœuvres qui se payent de 30 à 40 kreutzers, des femmes, des enfants. Il ne faut pas d'ailleurs attacher à cela

trop d'importance; il faut aussi presser deux fois les résidus du procédé de la presse, et alors la portion de l'albumine qui n'a pas été coagulée s'échappe en même temps,
ce qui n'a pas lieu pour les tranches diffusées dans lesquelles elle reste. Cependant il est toujours à désirer qu'on
diminue autant que possible les frais de transport. —
Quelqu'un désire-t-il encore prendre la parole?

M. LE DOCTEUR WEILER. — Je demande à dire encore un
mot. Un des membres présents me prie de soulever une
question qui concerne aussi le procédé de la diffusion. Si
M. le Président ne me le permet, je suis prêt à y renoncer. — Je demande dans quelles circonstances il est
possible d'employer l'eau qui a servi à la diffusion, comme
eau d'alimentation des presses? Je ne me trouve pas en état
de répondre à cette question qui m'a été posée. Peut-être
que l'un des membres présents est en mesure de donner
quelques renseignements sur ce point.

M. JULES ROBERT. — On peut faire servir une fois toute
l'eau de la diffusion à alimenter les presses; à la rigueur on
pourrait les faire servir une seconde fois sans trop de difficultés; mais une troisième utilisation serait impossible.
Aussi longtemps que la température n'est pas élevée de
plus de 15°, on peut très-bien faire usage deux fois de ces
eaux, comme eaux de compression. Nous avons fait à cet
égard des expériences directes, et nous avons trouvé que
l'eau de diffusion était plus pure que l'eau de rivière, dont
la température était en outre de près de 0°. On pompe l'eau
de diffusion par le monte-jus; elle arrive à une température
de 12 à 15°; et c'est une condition à laquelle il faut absolument tenir dès le mois d'octobre. Rien ne s'oppose à

l'emploi de l'eau de diffusion alors même qu'elle ne serait pas tout à fait pure. J'ai fait usage deux fois de la même eau; ce serait une bonne mesure à prendre dans toutes les fabriques, où l'on opère sur de grandes masses d'eau qu'on est forcé d'expulser ensuite; d'autant plus qu'il en coûterait beaucoup pour élever la température d'aussi grandes masses d'eau de 0 à 15°. Néanmoins, la température du vase au sein duquel doit s'exercer la pression ne doit pas dépasser 12, sans cela la betterave deviendrait trop tiède, et comme chaque vase est soumis pendant trois heures à la diffusion, on verrait se produire un certain ramollissement du tissu cellulaire.

LE PRÉSIDENT. — L'eau qui a été employée à la diffusion peut aussi servir d'eau de pression; il faut seulement abaisser un peu sa température. Il n'y a rien à redouter de cet emploi; cette eau, en effet, est plus pure, et parce que c'est en réalité une eau de condensation, elle peut servir deux fois; ajoutons même que quand elle a ainsi servi deux fois, nous la faisons servir encore au lavage des betteraves; elle est un peu chaude, et la betterave se dégèle plus facilement. Voilà dans quelles conditions l'emploi double ou triple d'une même eau devient possible sans difficultés.

Je crois que la discussion est terminée sur cette question. Je passe au n° 8 : — *Quels résultats a-t-on obtenus par les essais de pression rapide des résidus de diffusion, et comment se sont comportées les machines destinées à cet usage ?*

M. LE DOCTEUR WEILER. — Je crois qu'il s'agit cette fois de trois fuites, qu'il faut arrêter par un même robinet. Nous sommes en présence de trois questions identiques au fond, exprimées dans des termes différents. Nous avons d'abord la question 8 : « Quels résultats a-t-on obtenus par les essais de pression rapide des résidus de diffusion, et comment se sont comportées les machines destinées à cet usage? » Vient ensuite la question dixième : — « Quels résultats ont donnés les différentes méthodes et appareils ayant pour objet d'éliminer des tranches diffusées l'excédant d'eau considérable qu'elles contiennent? » — Enfin la question douzième :— « Quelles sont, parmi les tentatives de déshydratation des tranches diffusées, celles qui se sont montrées pratiques? » Le sens, je le répète, est le même, sous des mots différents. Je me bornerai à faire quelques courtes observations sur ces trois questions. Relativement à l'expulsion de l'eau en excès dans les tranches, tous les essais tentés jusqu'ici ont donné des résultats insuffisants. On a eu recours à différentes espèces de presses, tant ici que dans le Zollverein. Aucune n'a donné le résultat que l'on s'en était promis. On a fait usage des presses à action continue, mais les étoffes n'ont pas pu résister à l'action des rouleaux, et par suite elles ont été unanimement rejetées. On n'a pas été plus heureux avec toutes les autres presses. Mais il est un autre point plus important à prendre en considération. Un des avantages de la diffusion est de fournir des jus plus purs ; et effectivement on ne peut pas nier que ces jus ne contiennent moins d'albumine que les jus d'extraction par la presse ou par la force centrifuge. Le surplus des substances albuminoïdes a donc dû rester dans les tranches de betterave diffusées. Elles doivent donc constituer pour le bétail un aliment plus nutritif que les résidus de presse , alors même qu'elles contiendraient plus d'eau, parce qu'elles sont plus riches en matières protéiques. Nous reviendrons bientôt sur cette question incidente. Disons seulement ici que si l'on élimine l'eau de ces résidus, une grande partie des substances protéiques s'échappera avec elle; et, s'il arrive que la compression soit trop forte, il finira par ne plus rien rester que de la cellulose pure, de la fibre ligneuse, ou du tissu cellulaire, peu importe le nom qu'on donne à ces matières non azotées. Il ne faut donc pas pousser trop loin la déshydratation; mieux vaut, ainsi que l'expérience l'a démontré, ne pas comprimer du tout les tranches, d'autant plus que malgré leur eau, elles se conservent dans les fosses aussi bien que les résidus des presses ou des turbines. Il est vrai qu'elles contiennent plus d'eau ; mais l'animal doit boire, et s'il reçoit plus d'eau avec son aliment, on lui en donnera moins après. Il est bien entendu, d'ailleurs, qu'il faudra rendre la pulpe plus nutritive par une addition de tourteaux, d'avoine, de paille hachée, etc., et ne pas faire des résidus l'aliment unique de l'animal.

M. Quoika. — Je ne contesterai pas que par la compression il ne s'échappe avec l'eau des substances nutritives : mais il faut bien aussi faire le compte de l'acheteur. Si j'ai à transporter des résidus à quelques lieues, n'y a-t-il pas économie à les comprimer, sauf à leur faire perdre un peu de leur valeur nutritive, plutôt que de payer des frais de transport élevés pour les résidus trop mouillés? C'est une question que chacun devra se poser et résoudre. Je sais des pays où le transport est impossible ; il faut alors presser, à moins de se résigner à trop augmenter le nombre des bestiaux. Il y aurait lieu à délibérer sur le moyen de remédier à ces inconvénients.

M. Jules Robert. — Nous sommes en possession, pour comprimer les résidus, d'appareils et de méthodes variés. M. Schöttler, à Brunswick, a inventé une presse accélérée, qui ramène les résidus à contenir en moyenne 16 pour 100 de substance sèche. Or c'est par la quantité de substance sèche que l'on peut le mieux apprécier l'action de la presse. Si les voies de communications ou les circonstances climatériques sont telles qu'on ne puisse pas opérer le transport des résidus sans les presser, la pression devient alors une bonne chose. Ce qu'il y a de mieux cependant, est de ne presser que jusqu'à 16 pour 100 de substance sèche. On y arrive én soumettant les résidus à l'action d'un cylindre compresseur, roulant sur une voie grillée. La pression est légère et le but est parfaitement atteint. Quand on pousse trop loin la compression, la valeur nutritive des résidus diminue à mesure que la proportion de substances sèches augmente ; on retombe alors sur l'inconvénient que j'ai signalé : le mieux est de rester toujours dans un juste milieu.

Le Président. — Personne n'ayant plus d'observations à faire, passons à la dixième question. — *A quel degré peut-on, dans la diffusion, abaisser la température de l'eau additionnelle qui doit être préalablement chauffée ?*

M. Jules Robert. — J'ai déjà répondu à cette question : j'ai dit qu'on ne doit pas dépasser 12° R. pour l'eau additionnelle ; c'est la température normale de l'eau, elle doit varier avec la température de l'air extérieur, celle de la

14

betterave, l'épaisseur des tranches et la quantité d'eau de diffusion chauffée de 65 à 75°.

Le Président. — La température la plus favorable serait peut-être de 13 à 14°; autant que possible, il ne faut pas la dépasser.

M. Jules Robert. — Entre septembre et janvier il existe une différence sensible de température, à laquelle il faut toujours remédier par l'emploi de la vapeur.

Le Président. — Si personne ne demande la parole, nous allons passer à la question suivante, onzième : *L'aliment fourni par la diffusion est-il mieux ou moins assimilé par les animaux que celui fourni par la presse?*

M. Jules Robert. — Il me semble que la réponse à cette question ne peut se faire qu'au point de vue purement physiologique. Ce n'est pas par la quantité et la composition de la substance sèche contenue dans un aliment qu'il devient assimilable. Son assimilabilité est un effet ou résultat d'ensemble. On peut, même chez les hommes, remarquer que des mets très-aqueux n'en sont pas moins nutritifs, malgré la grande quantité d'eau qu'ils contiennent. Le bétail devrait gagner davantage avec les résidus de la presse, parce que la proportion de sucre est plus grande, la substance sèche plus compacte, la quantité de matière fibreuse plus grande ; et cependant l'ensemble n'est pas facilement assimilé. Il semble réellement que l'excès d'eau organique ait son utilité, car on a observé que des bestiaux nourris de résidus de diffusion aqueux ont engraissé plus et plus vite que ceux nourris avec des résidus comprimés.

Le Président. — Nous manquons d'expériences à ce sujet, cependant je vais communiquer ce que j'en sais.

La proportion d'eau des tranches est de 20 à 25 pour 100 plus grande que celle des résidus de presse; mais les tranches restent dans la fosse pendant un certain temps; l'eau est absorbée; sa proportion n'est plus que de 12 à 18 pour 100; les résidus sont alors consommés par le bétail, avec encore plus de plaisir que les résidus frais. Du reste nous n'avons pas observé que les résidus mouillés fussent d'un transport plus difficile. Le seul inconvénient est que la masse laisse l'eau s'égoutter, que cette eau tombe et forme des mares, en même temps qu'elle détériore les voitures, et rend les routes glissantes en hiver, sales en été. S'il y avait moyen d'empêcher cet égouttage, au moins en route, il n'y aurait rien à objecter contre les résidus. Je crois donc qu'il faut se borner à une pression légère, qui n'enlève rien des matières albuminoises, et ne laisse couler que de l'eau pure : si l'on avait recours à une pression forte, l'albumine serait entraînée. Il suffira d'ailleurs d'analyser l'eau éliminée pour savoir dans quelle proportion l'élément nutritif est expulsé avec elle.

M. Skene. — Un grand avantage dans l'alimentation consisterait-il dans ce fait qu'en mettant dans une voiture 2 demi-quintaux de résidus de presse, on n'a en effet que 50 livres d'aliments? Supposons 90 livres de résidus, de 2 demi-quintaux de betteraves, cela suffit pour nourrir 2 bœufs; or, avec 2 demi-quintaux de résidus de presse, je n'en nourris qu'un.

M. Quoika. — Cela me semble bien difficile.

M. Skene. — Si vous voulez venir à Prerau, vous verrez nos bœufs; nous les nourrissons ainsi depuis 8 mois, et ils engraissent aisément.

Le Président. — Il serait assez malaisé de dire d'où provient l'avantage : mais l'aliment hydraté n'est pas nuisible, il nous est arrivé plus d'une fois d'avoir beaucoup moins de tranches que nous n'en avions besoin pour l'alimentation.

M. le docteur Weiler. — Je dois faire une petite observation sur les communications de M. Jules Robert. Il s'agit de la pratique de l'engraissement. L'idée est exacte quant à l'assimilabilité. L'expérience l'a démontrée vraie à Czakowitz : 90 livres de résidus diffusés sont l'équivalent de 30 livres de résidus de presse obtenus par l'ancien système. La meilleure preuve qu'on en puisse donner, comme l'a dit M. Ahrens, c'est qu'avec ces résidus les bœufs ont été engraissés en quatre mois. L'essentiel est que la quantité d'eau que les tranches contiennent ne dépasse pas celle que l'animal consomme normalement.

Le Président. — Le domaine de Seelowitz en est un exemple remarquable. On y faisait usage jadis des résidus provenant de l'extraction du jus par la presse ; plus tard on a donné aux bestiaux les tranches mouillées. Les nourrisseurs enlevaient ces résidus humides comme ils avaient enlevé les résidus de presse.

M. Quoika. — En quantités égales ?

Le Président. — Oui, et ils n'ont jamais réclamé d'indemnité. Ils s'y sont tellement habitués qu'ils ont continué d'engraisser le bétail avec la même quantité d'aliments. Dans le même intervalle de trois mois, les animaux sont devenus aussi gras qu'avec les résidus de presse. Il aurait cependant été bien facile aux éleveurs de nous contraindre à faire des concessions ; mais ils se sont montrés satisfaits.

M. Jules Robert. — Ils avaient le droit d'exiger un aliment sec ; ils ont préféré supporter les désagréments du transport. L'aliment hydraté leur a très-bien convenu en raison de sa facilité d'assimilation.

Le Président. — Il ont même imposé la condition que nous ne comprimerions pas les résidus, aussi ne les avons-nous pas comprimés ; nous y avons laissé les 25 à 30 pour 100 d'eau libre.

M. Jules Robert. — Tout le monde sait d'ailleurs que pour l'engraissement il faut précisément tenir grand compte de l'assimilabilité de l'aliment. En effet l'engraissement est une sorte d'état maladif ; un aliment trop riche peut rendre l'animal malade, ou bien l'on court le risque que la totalité des aliments ne soit pas consommée, et qu'il s'en retrouve une grande partie dans les excréments. Voilà pourquoi l'assimilabilité a une action énorme. En tous cas nous avons pour presser les résidus un appareil simple : nous les plaçons dans un long tuyau où par leur poids, par leur seule pression, ils se débarrassent de l'eau en excès ; mais nous nous gardons bien de les laisser se comprimer tout à fait.

Le Président. — Nous passons à la onzième question. — *Comment se comportent dans les fosses les tranches alternativement gelées et dégelées ?*

M. Quoika. — Qu'il me soit permis d'intercaler ici une question. Comment faut-il traiter les tranches gelées ?

Le Président. — Votre question n'est point opportune. Il ne s'agit pas ici de la manipulation, mais de la conservation des tranches. On sait qu'il est très-difficile et très-coûteux de traiter la betterave gelée, parce qu'elle absorbe beaucoup de chaleur avant d'arriver à zéro. On demande ici ce qu'il arrive des résidus gelés. — Nous avons fait des observations très-attentives, et nous avons trouvé qu'après quatorze jours de gelée, la surface extérieure, en contact avec l'air, pourrit sur une épaisseur d'environ un pouce ; au-dessous, la masse gèle à peine sur une nouvelle épaisseur d'environ deux pouces ; et cette espèce de couverture garantit le reste de toute gelée ultérieure. Nous avons laissé nos fosses découvertes pendant tout l'hiver ; mais on pourrait les couvrir de trois pouces de terre ; ainsi couvertes de terre, elles ne gèlent plus. J'en parle par expérience.

M. Jules Robert. — Quant à la question de M. Quoixa relative aux betteraves gelées, je puis seulement lui dire que la betterave gelée n'est point une betterave normale. Elle n'est plus dans son état naturel. Par quelque procédé que l'on opère, il sera difficile de la couper ou de la râper ; plus difficile de la râper que de la couper. Quant à la qualité, elle reste ce qu'elle était, la gelée n'y fait rien.

Le Président. — Nous avons réalisé une amélioration. Nous lavons la betterave dans de l'eau à 12 ou 14 degrés ; mais cette eau, bien entendu, est descendue à 12 ou 14 degrés au contact de la betterave froide. Nous employons cette eau en très-grande quantité.

Passons maintenant à la question 14. — *Le procédé de la diffusion, combiné avec la saturation Jelinek, offre-t-il des avantages spéciaux ?*

M. le docteur Weiler. — Je demande la parole. La question, telle qu'elle est posée ici, n'est pas nettement formulée. De même que le procédé Possoz-Perier, la saturation Jelinek n'est qu'un procédé de purification des jus. Il est parfaitement indifférent que le jus ait été obtenu par la pression, la force centrifuge, la macération ou la diffusion; il faut toujours le purifier avant de le transformer en sucre. Quiconque veut faire usage du procédé de saturation Jelinek, peut conserver tout système d'extraction du jus qu'il voudra; il ne s'agit dans ce procédé que d'une action purificatrice plus grande, d'une économie de charbon animal, etc. Tout fabricant qui l'emploie réalise ses avantages, qu'il traite des jus diffusés ou d'autres. Cela posé, si les jus de la diffusion, du turbinage ou de la macération, etc., sont réellement plus purs que les jus des presses, il faudra moins de charbon animal pour filtrer, et toute autre méthode de purification des jus donnera par là même des résultats d'autant meilleurs. Je ne vois pas au reste trop clairement quelle autre combinaison on pourrait faire du procédé de la diffusion et de la saturation Jelinek.

Le Président. — Si personne ne demande la parole, nous allons passer à une autre question.

15. *Les sucres bruts et autres produits naturels s'obtiennent-ils plus facilement avec les jus de diffusion. A-t-on besoin de moins de main-d'œuvre?*

M. Quoika. — Je crois qu'il en est de cette question comme de la précédente, et qu'elle doit être traitée de même. Ici il s'agit de sucre brut : or, entre le sucre brut et le jus de diffusion, il existe un grand intervalle. Je crois que le traitement et les manipulations se poursuivent de la même manière pour les jus de tous les procédés : je traitement des premiers et des seconds produits signifie toujours traitement du jus après défécation : si je ne filtre pas le jus, si je le filtre mal, il restera mauvais et donnera de mauvais produits : si je le traite avec soin après la défécation, c'est tout le contraire qui arrivera. La valeur des procédés et des produits dépendra du traitement subséquent des jus, et bien que je reconnaisse les avantages du procédé de la diffusion, et qu'à tous les égards je le trouve excellent, au point de vue de la question posée, je ne vois pas où pourraient être ses avantages ou ses inconvénients.

M. LE DOCTEUR WEILER. — Quant à ce qui concerne la qualité du sucre brut, provenant des jus, soit de la diffusion, soit des autres procédés d'extraction, j'ai eu suffisamment occasion de l'apprécier dans une série de campagnes assez nombreuses pour acquérir des notions précises. On m'a envoyé de diverses fabriques des sucres bruts à analyser; ces fabriques opéraient les unes par la diffusion, d'autres par la force centrifuge, d'autres par la presse. La qualité des divers sucres bruts, provenant de fabriques opérant par la diffusion, n'était pas inférieure à celle des sucres bruts produits par d'autres procédés, et quant à ce qui concerne le travail ultérieur des produits, un des préopinants nous a appris que les masses-cuites ont indiqué au polarimètre 84 pour 100; si cela est vrai, ces masses-cuites doivent mieux cuire et mieux cristalliser que celles qui ne marquent au polarimètre que 75 à 78 pour 100. En effet, la plupart des fabriques sont satisfaites quand leurs masses-cuites contiennent 78 pour 100 de sucre.

Le Président. — Je me permettrai de faire remarquer qu'il faut distinguer entre la masse-cuite naturelle et la masse-cuite ramenée à la matière sèche. Il est difficile de bien déterminer le degré polarimétrique; car souvent une masse qui renferme peu d'eau marque plus au polarimètre que celle qui en contient plus. Il y a là une difficulté réelle, et nous avons eu des masses cuites qui n'avaient que 6 pour 100 d'eau, et qui, par conséquent, devaient plus marquer au polarimètre que celles qui contiendraient plus d'eau; il n'en était rien; mais cela nous mènerait trop loin; du moins ne peut-on pas dire, en présence de différences si grandes, que la polarisation soit l'unique moyen d'épreuve de la pureté ou de l'impureté des masses-cuites. Une masse-cuite dont la polarisation est moindre, peut être plus pure qu'une autre masse-cuite qui polarise fortement, parce qu'elle contient plus ou moins d'eau, il en est de même pour les sucres bruts. C'est une question de siccité.

La différence est déjà très-grande avec 3 à 4 pour 100 d'hydratation de plus ou de moins; l'apparence extérieure de la masse est aussi tout autre; et une trop grande addition d'eau est certainement nuisible. On ne peut donc pas se fier complétement au degré polarimétrique; il faudrait pour cela pouvoir ramener le degré saccharimétrique à la substance sèche, et déterminer ensuite la quantité correspondante à la masse humide : tant qu'une masse peut contenir une certaine quantité d'eau dont j'ignore la proportion, la polarisation ne suffit pas à nous faire reconnaître si un sucre est meilleur qu'un autre.

M. Jules Robert. — Il est difficile de répondre à la

question. Qui veut trop prouver finit par ne rien prouver du tout. En demandant à la diffusion qu'elle réponde des produits définitifs, on lui demande évidemment trop. Il faut songer aux influences des manipulations intermédiaires, défécation, filtrage, évaporation. On peut demander que la diffusion ne fournisse pas de produits définitifs plus mauvais que les autres procédés ; mais quant à lui demander qu'elle fournisse des sucres meilleurs, c'est se tromper d'adresse ; ce serait à la betterave même qu'il faudrait s'en prendre, et non pas au procédé d'extraction des jus.

XXII

EXTRÀIT

DU « MANUEL DE L'AGRICULTURE PRATIQUE RATIONNELLE[1], » DES-
TINÉ AUX CHIMISTES, AUX AGRICULTEURS, AUX ARCHITECTES,
AUX INGÉNIEURS ET AUX EMPLOYÉS DES CONTRIBUTIONS,

par le Docteur Fr.-Jules OTTO,

Conseiller médical, et Professeur de chimie au collége Carolin, à Brunswick.

COMPARAISON DES MÉTHODES D'EXTRACTION DES JUS.

Dans l'édition précédente de cet ouvrage, je me suis
exprimé ainsi : « Si quelqu'un me disait : je veux établir
une fabrique de sucre de betteraves; quel procédé d'extraction du jus dois-je préférer? je me verrais hors d'état
de donner une réponse nette et définitive à cette question. Ce qui me console, c'est que les fabricants de machines qui s'occupent spécialement de l'installation des
fabriques de sucre, ne sont pas plus avancés que moi, bien
que par leurs relations avec les fabricants de sucre qui leur

[1]. 6e édition, volume II, page 263.

donnent leur opinion, ils soient plus que moi en état de prononcer un jugement impartial. »

Depuis ce temps-là, je ne suis guère plus avancé; en ce sens que si l'expérience acquise avait donné la certitude qu'un procédé d'extraction du jus fût préférable aux autres, on aurait suivi ce procédé dans la majorité au moins des fabriques; or aucun procédé n'est encore général.

Il est incontestable que de tous les procédés d'extraction, celui de la presse est le plus pénible, le plus désagréable, et celui qui exige le plus de main-d'œuvre; à quoi il faut ajouter la dépense considérable qu'entraînent les draps ou sacs de presse, et le danger que l'on court de voir le jus modifié par les sacs d'une manière désavantageuse. Et cependant la presse est encore considérée comme le procédé qui donne le plus sûrement une quantité constante de jus, en rapport avec l'affluence de l'eau sur la râpe: c'est en outre le procédé dont les résultats sont le plus indépendants de l'habileté des ouvriers; en supposant, bien entendu, que la pulpe soit bonne, que les charges à la presse soient minces, et que les presses elles-mêmes soient assez puissantes.

Avec les turbines centrifuges, le travail se fait proprement et avec sûreté; il faut beaucoup moins de main-d'œuvre qu'avec les presses. Mais la résultante en jus, c'est-à-dire la quantité de sucre qui existe dans le jus extrait de la pulpe, dépend à un très-haut degré de la manière dont l'opération a été conduite, je veux dire, de la quantité de pulpe arrivant aux turbines, de la proportion de l'eau envoyée à la râpe et dans les formes; enfin, de la manière dont on effectue le formage. Aussi, bien des fabricants regardent comme utile de malaxer avec de l'eau les résidus des centrifuges, et de les presser de nouveau.

Le procédé de macération Schutzenbach est de même plus simple et plus propre que le procédé de la presse : il exige aussi moins de main-d'œuvre ; mais d'un autre côté, il ne donne des résultats satisfaisants qu'à la condition de beaucoup d'attention et de soin de la part des ouvriers. Il faut en outre que les résidus soient pressés ou soumis de nouveau à l'action de la force centrifuge si l'on veut qu'ils servent d'aliments.

Le plus propre de tous les procédés est celui de la diffusion ; en effet l'extraction du jus s'effectue dans des appareils entièrement clos : mais de même que le procédé Schutzenbach, il exige une grande attention, si l'on veut que les résidus soient convenablement désucrés. Les frais de main-d'œuvre sont encore moindres que dans le procédé Schutzenbach.

Quant aux frais d'installation ou de premier établissement des divers procédés d'extraction du jus, les données sont très-différentes ; et force est d'ailleurs toujours de tenir compte du rendement que l'on attend des appareils. En général on admet qu'avec dix grandes presses on peut traiter de 1400 à 1500 quintaux de betteraves en 24 heures ; ou qu'il faut une grande presse pour 140 à 150 quintaux de betteraves.

Il n'y a pas autant d'unanimité en ce qui concerne le rendement du procédé centrifuge ; les uns estiment qu'il faut une turbine pour chaque 100 quintaux de betteraves, d'autres prétendent que l'on peut traiter jusqu'à 150, et même 200 quintaux de betteraves avec chaque turbine.

Quant au procédé Schutzenbach et au procédé de la diffusion, on comprend aisément que le rendement est commandé surtout par la grandeur des vases, car c'est de là principalement que dépend la quantité de pulpe ou de tranches traitées, bien qu'il existe une certaine variation indépendante de la contenance des vases.

En prenant pour base ces rendements, les constructeurs de machines donneront tous les renseignements désirables sur les frais de première installation.

Ce sont les turbines centrifuges et les presses qui exigent la force motrice la plus considérable. Il ne faut que peu de force motrice pour la macération Schutzenbach, et presque point pour la diffusion. Il faut encore tenir compte de ce que, dans ce dernier procédé, on dépense moins de force pour couper les betteraves, qu'on n'en dépenserait pour les râpes, et que l'appareil a beaucoup moins besoin de réparations.

Quel est le rendement en sucre du traitement de la betterave par ces différents procédés d'extraction du jus? En d'autres termes: quel est le titre saccharimétrique relatif des différents résidus? Cette comparaison n'a de valeur qu'autant qu'on y joint des données sur les caractères distinctifs de la méthode, sur le titre en sucre des betteraves, et sur le degré de dilution des jus. Dire en général que les résidus des centrifuges sont plus pauvres en sucre que ceux des presses, ne signifie absolument rien; il faut ajouter tout spécialement comment le procédé de la pression a été pratiqué; comment le procédé centrifuge a été mis à exécution. Que l'on fasse arriver peu ou beaucoup d'eau sur la râpe, que l'on ne presse qu'une fois, que l'on soumette à une seconde pression les pulpes désagrégées d'une première pression, ou qu'on les lessive d'après le procédé Walkhoff, ce n'est pas sortir essentiellement du procédé de la presse; et cependant combien diffèrent entre eux les résultats correspondant à chacune de ces modifications !

De ce que les résidus de 100 kil. de betteraves traitées par une certaine méthode, contiennent 0,8 kil. de sucre, on ne peut rien conclure pour ou contre cette méthode; car ce chiffre a une signification très-différente selon que les betteraves contenaient 13,6 pour 100 ou 10,4 pour 100 de sucre; en effet le sucre restant dans les résidus n'est que le *septième* dans le premier cas, et le *treizième* dans le second du sucre contenu dans la betterave.

Pour ce qui concerne la dilution des jus, quel que soit le procédé d'extraction employé, les résidus peuvent être presque entièrement désucrés, si l'on emploie assez d'eau; mais il importe avant tout de considérer la quantité de sucre qui passe et se retrouve dans le jus. Le procédé qui donne le plus de sucre dans un jus également étendu d'eau mérite évidemment la préférence.

Toutefois, la quantité de sucre existante dans le jus, et son degré de dilution, ne sont pas les seuls éléments à faire entrer en ligne de compte quand il s'agit d'apprécier la valeur relative ou absolue d'un procédé. Il faut encore tenir compte de la pureté relative des jus, ou du rapport du sucre aux matières non sucrées.

Toutes les analyses ont conduit à ce résultat que le rapport du sucre aux substances étrangères est très-défavorable dans les jus provenant de la macération ou des pulpes de betterave désagrégées; c'est-à-dire dans les jus provenant de la macération Schutzenbach, du râpage avec pression simple ou réitérée, ou avec turbinage par la force centrifuge.

Dans toutes ces manières d'opérer, le rendement en sucre ne dépend pas seulement de l'épuisement des résidus ou du degré de dilution du jus; il faut tenir compte en outre de l'altération des jus. Il ne s'agit pas seulement d'une consommation de combustible plus grande, exigée par la nécessité d'évaporer des jus très-étendus, il faut encore subir une perte plus ou moins notable de sucre cristallisable, occasionnée par la présence dans les jus d'une plus grande proportion de matières étrangères.

La présence d'une proportion nuisible de matières étrangères a été constatée par toutes les analyses dans les jus extraits par macération des cossettes ou par pression des pulpes désagrégées. Mais cette proportion est beaucoup moins grande, et c'est un avantage appréciable dans les jus de la diffusion; ce fait a été aussi mis hors de doute par toutes les analyses faites jusqu'ici. S'il en est effectivement ainsi, le jus de la diffusion mérite en effet ce nom, et l'on ne sera pas en droit de dire qu'il est le produit d'un simple lavage ou lessivage. Cette conclusion est en outre confirmée par cette circonstance, mise en évidence par l'analyse et l'étude microscopique, que les résidus de diffusion contiennent une quantité plus considérable de substances protéiques. Comme le pouvoir diffusif des sels est plus grand que celui du sucre, on a présumé que le jus de diffusion est relativement plus riche en sels que les autres jus. Cette supposition, cependant, n'est pas justifiée, et

elle ne saurait l'être, puisqu'il est certain que les tranches épuisées sont désucrées à un haut degré. On peut séparer presque complétement les cristalloïdes des colloïdes,
mais non pas les cristalloïdes des cristalloïdes. .

Encore maintenant, le procédé le plus répandu est celui
de la presse, et cela surtout par le motif que j'ai indiqué :
sa réussite est la plus indépendante de l'individualité des
ouvriers. On a pu croire un instant que les turbines centrifuges remplaceraient les presses ; il n'en a rien été.
Dans une de mes premières éditions j'ai dit que le procédé
de macération Schutzenbach, plus conforme à la théorie,
était celui qu'il fallait préférer. Mais puisqu'il est aujour-
d'hui démontré que ce procédé donne un jus accompagné
d'une grande quantité relative de matières étrangères, je
ne peux plus le recommander au même titre, et je me vois
amené à conseiller le procédé de la diffusion comme le
plus rationnel de tous. L'économie de main-d'œuvre et de
force motrice est très-considérable dans ce procédé, et
il l'emporte encore dans la comparaison avec le procédé
de la presse, parce qu'il supprime la totalité de la dépense
des sacs et draps des presses. Enfin, de tous les procédés,
c'est le plus simple, le plus élégant et le plus propre.

XXIII

RAPPORT

SUR LA

FABRIQUE DE SUCRE DE RAUTHEIM, PRÈS BRUNSWICK,

Par M. KLIE.

Rautheim, 30 janvier 1866.

Je déclare par le présent rapport que, dans cette fabrique, on a traité par jour, sans aucune difficulté, 500 quintaux de betteraves pendant deux semaines. Ce travail s'opérait par la diffusion, système Robert, et avec six presses.

Nous ne pouvions pas, sans perte sur le rendement journalier de la fabrique, porter séparément à la défécation les jus de la diffusion et ceux de la presse; cette circonstance, jointe à l'indécision des agriculteurs relativement à la valeur des résidus de la diffusion, au point de vue de l'alimentation, nous a engagés à interrompre l'exploitation par la diffusion pour le reste de la campagne.

Les presses de cette fabrique ne suffisaient pas pour opérer la séparation dans le temps voulu; on ne pouvait pas non plus obtenir un dépôt des écumes en haut ou en bas, parce que quand le jus des presses est mêlé à celui de la diffusion, les écumes du premier tendent à se déposer en haut et celles du second en bas; c'est pour cela qu'une séparation des écumes et des jus ne pouvait pas s'effectuer dans notre fabrique.

Mon opinion m'étant demandée, en raison des observations que j'ai eu l'occasion de faire pendant ces deux semaines, c'est pour moi un véritable plaisir de pouvoir dire que la diffusion ne laisse rien à désirer au point de vue de la qualité du jus et du titre des masses-cuites et des premiers produits.

Je crois même devoir ajouter que la masse-cuite doit être plus riche en sucre; car dans les résidus analysés on ne découvre que de 0, 3 à 0, 5 pour 100 de sucre, tandis qu'il s'y trouve de 1, 8. à 2 pour 100 de substances fibreuses, ce qui justifie la conclusion que la diffusion enlève aux betteraves presque tout leur sucre, tandis qu'une quantité considérable de substances étrangères qui existent avec le sucre dans le jus des betteraves sont retenues dans les résidus, ce qui facilite essentiellement le filtrage et la défécation.

La manipulation, dans le procédé de la diffusion, est d'une grande simplicité, en comparaison de celle de la presse, et l'économie de production de jus dans notre fabrique peut s'élever au moins à 8000 florins.

Un jugement fondé sur une plus longue observation de la diffusion serait certainement encore plus à son avantage. En tout cas, il ne peut pas être défavorable; car, depuis deux campagnes, M. Jules Robert, à Seelowitz, a nourri ses animaux avec plus de 300 000 quintaux de ces résidus, et les bestiaux de toute espèce s'en sont bien trouvés.

Je conclus en exprimant la conviction que, sous peu, la diffusion aura remplacé toutes les autres méthodes d'extraction du jus.

Avec estime, F. Klie.

XXIV

RAPPORT

SUR LA FABRIQUE DE SUCRE DE JOZEFOW, PRÈS DE VARSOVIE,

Par M. WOLFF.

Jozefow, 26 février 1868.

Bien que pendant de longs mois, les betteraves aient fortement subi l'influence nuisible d'un temps humide et mou, le rendement s'est élevé, jusqu'au 13 février, à 13 pour 100 en masse-cuite de jus très-beau et très-clair. — Jusqu'au 15 février, nous avons encore eu 12,6 pour 100, et depuis lors jusqu'à hier, 12 pour 100 de masse-cuite. Depuis cinq jours, il est survenu une forte gelée imprévue, qui a grandement attaqué le restant de nos betteraves; nous étions obligés d'aérer beaucoup pour les conserver. Par suite, la plus grande partie de nos racines, déjà en mauvais état, a été totalement gelée.

Depuis lors, à cause du fort refroidissement dans les vases élevés, j'ai éprouvé de grandes difficultés pour le lavage des tranches; je n'y ai réussi qu'après que les vases avaient été fortement échauffés par la vapeur directe, et que le chiffre de la charge eut été abaissé de 60 à 49 quintaux ; que de plus, la température dans les chaudières de chauffage eut été tenue au-dessus de 80 degrés Réaumur, et que les tranches eussent été faites à l'aide du couteau à 12 lames. Malgré cette marche forcée, malgré la détestable qualité des betteraves, et une durée de 45 minutes de diffusion, j'ai toujours obtenu des jus normaux, qui, après une double saturation, se clarifiaient parfaitement, se laissaient concentrer sans se troubler, et donnaient une masse-cuite très-satisfaisante de 11,8 à 12 pour 100. Bien que nous ayons traité un bon tiers de notre provision de betteraves de cette année, betteraves très-défectueuses, et qui ont été manipulées dès le commencement ; bien que, à mon compte, j'aie dû subir une perte égale aux deux tiers, je suis convaincu que nous obtiendrons encore un produit moyen de 7 pour 100 de blanc. Je dois ici faire remarquer que nos semences sont très-mauvaises, et que le tiers se compose de betteraves bâtardes qui méritent à peine le nom de betteraves à sucre.

Comme je vous écris à la hâte, je me réserve de vous donner plus tard des détails sur nos résultats, et sur les conditions dans lesquelles notre campagne s'est faite.

Avec estime, WOLFF.

XXV

RAPPORT

SUR LA FABRIQUE DE SUCRE DE WULFERSTEDT
PRÈS WEGELEBEN (MAGDEBOURG),

Par MM. KUCKEN et SCHMIDT.

Wulferstedt, 11 mars 1866.

Arrivé à la fin de la campagne, je me fais un véritable plaisir d'avoir à vous faire la présente communication. A tous égards nous avons à nous féliciter d'avoir été les premiers du Zollverein qui ayons introduit dans notre nouvelle fabrique de sucre de Wulferstedt votre nouveau procédé — la diffusion — pour l'extraction des jus.

Depuis le 5 décembre 1855 jusqu'à la fin de la campagne, le 28 février de cette année, nous avons traité 120 000 quintaux de racines. Après avoir levé quelques difficultés qui n'étaient point inhérentes à la diffusion, les opérations ont marché sans entraves.

Dans le commencement, nous traitions par la diffusion 1400 quintaux de betteraves en vingt-quatre heures. Au bout de peu de temps, ce chiffre s'est élevé à 1900 quintaux, et, malgré cela, votre procédé a toujours brillamment conservé sa régularité et sa facilité.

Avec la presse, il faudrait 47 ouvriers; avec la diffusion, pour 1900 quintaux de betteraves, il suffit de 17 personnes, nombre qui pourrait encore être réduit. C'est un fait d'une importance considérable, sans compter la facilité et la simplicité du contrôle, la qualité et la quantité du travail, et cela d'autant plus que le produit du travail subséquent des jus, jusqu'à la cristallisation, comparé à celui de la presse, ne lui est nullement inférieur.

Les masses-cuites et les produits à tous les degrés doivent être considérés comme tout à fait normaux.

Les masses-cuites produites par la voie de diffusion sont certainement supérieures à celles obtenues par la voie de la presse, d'au moins 1/2 pour 100. Cette supériorité est devenue surtout évidente vers la fin de la campagne.

Le produit de la masse-cuite est en moyenne de 9 pour 100 de sucre brut, marchandise belle et saine.

En premiers produits on obtient une moyenne de 6,9 pour 100; et il faut remarquer que la cuisson se fait seulement à l'épreuve du fil.

Je puis donc, après une campagne de douze semaines, émettre la déclaration absolue que la diffusion Robert mérite de l'emporter sur toutes les méthodes connues d'extraction du jus, parce que :

1° Elle permet de faire face au manque et à l'enchérissement de la main-d'œuvre, qui se fait çà et là vivement sentir;

2° L'extraction du jus se fait à meilleur marché, en rai-.

son de l'économie de la main-d'œuvre, des draps de presse et des réparations;

3° Elle extrait des betteraves une plus grande quantité de sucre;

4° Elle réduit à une simple combinaison de vases, de tuyaux et de robinets les mécanismes des presses, toujours compliqués et difficiles à diriger.

Il nous reste enfin à constater que jusqu'ici les résidus de la diffusion se sont parfaitement bien conservés, et que, d'après les expériences que nous avons faites jusqu'à présent, leur valeur, au point de vue de l'alimentation, est parfaitement égale à celle des résidus de la presse.

Néanmoins, on ne peut pas nier qu'à beaucoup d'égards, il ne soit désirable de diminuer de quelque chose leur grand excès d'eau; car, par là, d'un côté le transport en serait facilité, et d'un autre côté l'alimentation serait plus rationnelle.

Nous avons été bien aises d'apprendre que beaucoup de mécaniciens s'occupent déjà de construire un appareil à bon marché pour ramener à 35 ou 40 pour 100 les 70 pour 100 en poids de résidus de la diffusion, et que des expériences déjà faites prouvent que les résidus ainsi obtenus satisfont à tout ce que l'on peut désirer.

Nous sommes convaincus que le procédé de la diffusion ne tardera pas à faire son chemin et nous considérons cette invention comme l'un des progrès les plus importants et les plus considérables de l'industrie sucrière.

XXVI

COMMUNICATION

SUR LES RÉSULTATS OBTENUS PAR LE PROCÉDÉ DE LA DIFFUSION
PENDANT LA DURÉE DE LA CAMPAGNE DE 1865-66, A CZAKOWITZ,

PAR

A. AHRENS.

Czakowitz, le 25 avril 1866.

La fabrique de sucre de Czakowitz se composant de deux
établissements distincts et indépendants pour le travail,
l'un d'eux fut organisé d'après le système de diffusion Robert dans l'été de 1865, après qu'on eut mis de côté les
râpes et les presses dont on s'y servait auparavant. Cela a
permis de comparer les deux méthodes, la presse et la
diffusion, dans leur marche et leurs résultats.

L'ensemble de deux batteries à diffusion, chacune de
six vases avec les conduites en fonte et les soupapes nécessaires, s'élevait en poids à 21 870,5 kilos et elle a coûté, y

compris les deux chaudières à réchauffer et les deux ré
servoirs à jus nécessaires. . . . . 10 800 fl.

La machine tranche-racine, deux wagons,
camions, etc. 2 000

Changements dans les constructions et
droits de brevet 3 000

Total : 15 800 fl.

L'usure effective des machines et appareils s'est bornée simplement à seize jeux de lames à 16 florins, dont la moitié peuvent encore servir. Quant aux soixante-cinq soupapes, elles n'ont pas eu besoin de réparations; car l'emploi du caoutchouc à la place des boules de cuivre fait que toute réparation semble devoir être inutile pendant des années.

A l'égard de la main-d'œuvre, la proportion des ouvriers est excessivement favorable. En ce moment, il faut dans la salle de diffusion 16 hommes, 1 jeune garçon et 1 laveuse, en tout 18 personnes pour une charge de 12 heures; or, pour la même quantité de betteraves il fallait dans la salle de la presse 20 hommes, 9 jeunes garçons et 26 femmes, en tout 55 personnes; et il ne faut pas oublier que le surplus des opérations de la fabrication exige dans les deux procédés le même nombre d'ouvriers.

Les salaires se sont en conséquence trouvés réduits par le procédé de la diffusion de $4\frac{583}{1000}$ kreutzers par quintal de betteraves à $1\frac{2}{10}$ kreutzer.

Naturellement, il cesse ici d'être question de l'usure des draps de presse, des toiles de presse, et de leurs garnitures, des lames de râpes, et des réparations qu'entraînent ces machines ; par contre le jus obtenu est de 1/9 plus étendu que celui de la presse, en sorte que l'on a d'autant plus de jus à déféquer et à faire passer au second filtrage.

Mais il ne faut pas oublier que le jus brut arrive à la défécation à 40 degrés Réaumur; qu'elle se produit, par conséquent, d'autant plus vite, que le nombre des chaudières à défécation a pu être réduit de 7 à 4.

Les tranches diffusées constituent un aliment excellent ; 100 kilos de betteraves ont donné 73 kilos de résidu ; l'essai qui a été fait pour les débarrasser de l'eau en excès, sous une simple presse, a prouvé que l'on pouvait, sans beaucoup de peine, expulser jusqu'à 66 kilos d'eau de 100 kilos de résidus ; en sorte que 100 kilos de betteraves donneraient 32 kilos de tranches réduites à la pression et déshydratées.

On ne peut point alimenter les animaux en ajoutant à la ration ordinaire de tourteaux, etc., des tranches acidulées non pressées, parce qu'ils consommeraient avec elles une trop grande quantité d'eau ; c'est pourquoi on donne ici aux animaux un mélange de 5/6 de tranches et 1/6 de déchets de presse.

Les bœufs de trait ont reçu par jour et par tête 16 kilos de ce mélange, plus 10 kilos de feuilles de betteraves confites, 3 kilos de paille hachée et 1 kilogramme de tourteau d'huile.

Les bœufs à l'engrais ont reçu : dans le premier mois, par tête et par jour ; 28 1/2 kilos de ce mélange, 7 1/2 kilos de feuilles de betteraves confites, 6 kilos de paille hachée, 1 kilo de tourteaux, 1 1/2 kilo menu grain, et 1/8 kilo de farine; dans le second mois, 32 kilos du mélange, 7 1/2 kilos de feuilles, 3 kilos de paille hachée, 1 kilo de tourteaux, 2 1/2 kilos de rognures, et 1/8 kilo de farine; dans le troisième mois, 29 1/2 kilos du mélange, 5 kilos de feuilles, 2 kilos de paille hachée, 1 kilo de tourteaux, 3 kilos de rognures, et 1/8 kilo de farine; enfin, dans le quatrième mois, 27 kilos du mélange, 5 kilos de feuilles, 2 kilos de paille hachée, 3 kilos de rognures, 1/8 kilo de farine, et 1 1/2 kilos d'avoine.

En mettant les tranches dans les fosses, il faut avoir soin que les fosses aient un fond perméable.

Malheureusement le procédé de la diffusion exige une quantité d'eau considérablement plus grande que celui de la presse, et, bien qu'une grande partie de l'eau employée puisse être libérée par le filtrage, la quantité d'eau non recouvrée est si considérable que cet inconvénient seul m'empêche d'introduire aussi la diffusion dans mon second établissement de cette ville. Je dois dire néanmoins que cette substitution m'était indiquée comme utile, puisque j'avais gagné une augmentation de 1 pour 100 de masse-cuite, ainsi que l'a prouvé la comparaison des deux méthodes de fabrication pendant cette campagne. J'ajouterai enfin que la production des pains avec les sucres provenant du procédé de la diffusion, n'a occasionné aucune difficulté. Il m'a même paru, à la fin de la campagne, qu'ils se recouvraient plus facilement que ceux obtenus par le procédé de la presse.

ANNEXE A LA DIFFUSION PRATIQUÉE A CZAKOWITZ.

Date de l'analyse.	Nombre des mesureurs.	Température des masses-cuites.	Nombre de voitures.	Polarisation des tranches.
19 février.	18	75	5 1/2	0,29 pour 100
19 —	18	75	5 1/2	0,03 —
20 —	28	75	5 1/2	0,03 —
20 —	28	75	5 1/2	»
20 —	28	75	5 1/2	»
21 —	28	75	5 1/2	»
21 —	28	75	5 1/2	0,06 pour 100
22 —	18	75	5 1/2	0,03 —
23 —	22	75	5 1/2	0,06 —
23 —	22	75	5 1/2	0,29 —
24 —	22	75	6	0,29 —
24 —	22	75	6	»
25 —	22	75	5 1/2	»
25 —	22	75	5 1/2	0,08 pour 100
26 —	22	75	5 1/2	0,06 —
26 —	22	75	5 1/2	»
27 —	22	75	5 1/2	»
27 —	22	75	5 1/2	0,06 pour 100
28 —	22	75	5 1/2	»
28 —	22	75	5 1/2	»
1er mars.	22	75	5 1/2	»
1 —	22	75	6 1/2	»
2 —	22	75	5 1/2	»

XXVII

RAPPORT

SUR LES PRODUITS DE LA FABRIQUE DE WULFERSTEDT, PRÈS DE WEGELEBEN (MAGDEBOURG),

Par M. le Docteur CUNZE.

Wulferstedt, 27 février 1867.

Notre campagne n'est pas encore terminée; je ne puis donc pas vous présenter un aperçu général des résultats des travaux. Je me bornerai à faire en peu de mots l'historique de la campagne poursuivie jusqu'à ce jour, et à indiquer les résultats partiels de la fabrication, du 2 octobre au 24 décembre 1866.

Dans les quinze premiers jours de notre campagne, nous avons eu à lutter contre beaucoup de difficultés mécaniques. Un travail régulier était impossible en présence des réparations à faire aux machines, du manque d'eau et d'autres contrariétés. Des retards, souvent de plusieurs heures, ne pouvaient pas être sans conséquences nuisibles ; aussi les résultats de ces deux semaines ont-ils été fort peu satisfaisants, mais ceux qui ont suivi ont dépassé considérablement notre attente. Pendant cette dernière période, le travail a été très-satisfaisant. En s'attachant d'une manière rationnelle aux principes fondamentaux, et en s'aidant des leçons de l'expérience, on voit la diffusion se comporter brillamment dans les conditions les plus variées, en temps chaud comme en temps très-froid. C'est ce que démontrent les résultats que j'énumère plus loin, bien qu'ils aient eux-mêmes été influencés par des faits parfaitement étrangers à la diffusion.

Du 2 octobre au 24 décembre, on a traité 126 495 quintaux de betteraves. D'après les analyses faites deux fois par jour, le jus marquait 15 degrés Brix ou 12,8 pour 100 de sucre, ce qui correspond à un quotient de 85,3.

Par suite, le titre des betteraves est en sucre de 12,16 pour 100.

Les jus bruts provenant des vases de diffusion, examinés au densimètre Brix, donnaient en moyenne 10,9 degrés et par la polarisation 8,15 pour 100 de sucre, ce qui donne un coefficient de 78.

Les tranches lavées avaient un titre moyen de 0,38 pour 100 de sucre. Mais il faut remarquer que les échantillons ont été pris de toutes les 3486 diffusions faites jusqu'au 24 décembre, sans en excepter celles qui n'étaient pas parfaitement traitées, comme cela a eu lieu dans les quinze premiers jours. En outre, on a pris les échantillons de préférence dans les parties des vases où la diffusion, comme l'expérience le démontre, ne s'opère qu'imparfaitement. Rapporté aux betteraves, ce serait donc une perte de sucre de 0,308 pour 100.

L'eau de macération, aussi prise dans toutes les circonstances qui se sont produites, indique 0,119 pour 100 de sucre, et correspond à une perte de 0,176 pour 100 du poids des betteraves.

Il en résulte qu'en tout on a obtenu 91,6 pour 100 de jus des betteraves, et que la perte en sucre a été de 0,484 pour 100.

La défécation s'est faite avec 2/3 pour 100 de chaux, selon la méthode Jelinek modifiée; malheureusement notre organisation ne nous a pas permis de chauffer suffisamment le jus avec la chaux; c'est pourquoi il n'a pas été possible de le débarrasser des substances organiques autres que le sucre, autant qu'on aurait pu le faire par un chauffage plus prolongé en présence de la chaux. Malgré cela les jus épais et la masse-cuite ont toujours eu un très-bon aspect, la cristallisation s'est faite à souhait, et les conséquences de la défectuosité de la défécation n'ont été sensibles que par le titre polarimétrique, proportionnellement bas, tant de la masse-cuite que des premiers produits.

On a obtenu 16 932 quintaux de sucre, ou 13,38 pour 100 du poids des betteraves, avec une polarisation des masses-cuites égale en moyenne à 76,7. Je dois faire remarquer que la cuisson s'est toujours faite très-facilement et que la masse-cuite contient en général 14 pour 100 d'eau.

La masse-cuite a présenté en sucre :

Quintaux.		Betteraves.	Masse-cuite.
8134,93	Premier produit ou	6,4 pour 100 et	48 pour 100
2662,89	Deuxième —	2,1 —	15,7 —
1064,00	Troisième —	0,81 —	6,4 —

D'après les expériences de la précédente campagne nous pouvons encore attendre en quatrième produit.................... 0,2 — 1,5 —

Total............ 9,5 pour 100 — 71,6 pour 100

16

Les résultats peuvent encore se résumer de la manière suivante :

Quintaux de jus titre traités.................. 15381,79
— obtenus dans la masse-cuite............ 12983,93

Perte de fait................. 2397,87

quintaux de jus titre ou 1,88 pour 100 du jus de betteraves. La perte se retrouve

Pour 607,50 quintaux de jus titre dans la masse-cuite
et l'eau de macération.
Pour 531 — dans les écumes de la défécation.
Pour 190 — dans les filtres.

Total : 1328 quintaux de jus titre : restent
1069 — pertes non justifiables, ou
0,84 pour 100 des betteraves.

Sur les 12983,92 quintaux de jus titre de la masse-cuite on obtint en :

Premier produit 94,2 pour 100 au polarimètre 76611,70 q. de gr.
Deuxième — 91,4 — 24339,00 —
Troisième — 89,1 — 912,38 —
Quatrième — 87 — 220,11 —

11227,55 q. de gr.

La perte de 1755 quintaux de sucre devait être contenue dans les mélasses, ce qui correspond à un titre de 45 pour 100 de sucre et de 2 neuvièmes pour 100 de mélasse; mais comme en traitant la masse-cuite, l'expérience constate une perte de 1 cinquième pour 100, on obtenait probablement un demi pour 100 de mélasse. Sur les 12 seizièmes pour cent de sucre contenu dans la betterave on a

donc obtenu 8,8 pour 100 de sucre pur au degré 100, et
2,3 pour 100 ont été perdus, c'est-à-dire que :

De 100 parties de sucre, on a séparé...... 73,1 pour 100
La perte justifiée a été de.................. 8,6 —
Celle non justifiée, de...................... 6,9 —
Les mélasses, etc., contenaient............ 11,4 —
                                          ——————————
                                          100,0 pour 100

L'économie de main-d'œuvre est très-considérable dans
la diffusion. Pendant le temps que j'ai indiqué, les salaires
du tranche-racines, de la diffusion et du transport de la
masse des résidus, se sont élevés à 907,28 gros, ou à
0,215 gros par quintal de betterave. Ce chiffre pourrait
être aisément réduit à 0,18 gros, en traitant chaque fois
1000 quintaux par charge. Il faut encore observer que
la diffusion peut être organisée bien plus simplement
qu'elle ne l'a été dans notre fabrique. Dans des circonstances identiques, la main-d'œuvre par la presse (râpe,
presse, lavage) ne peut guère être inférieure à 0,617 gros
par quintal de betteraves, et il y a en sus la dépense
des sacs pour environ 0,500 gros. La seule partie dans le
procédé de la diffusion qui exigerait encore un perfectionnement est le résidu alimentaire. Les animaux le mangent; il contient en outre plus de substances azotées que
les résidus de la presse; mais, d'un autre côté, il contient
tant d'eau que le transport en est très-coûteux. Je suis
cependant convaincu que si la masse était débarrassée de la
plus grande partie de son eau, comme du reste cela se fera
chez nous à la prochaine campagne, la qualité de ce résidu
serait un motif de plus pour propager l'établissement de la

diffusion. Je dois, en attendant, ajouter que les résidus que j'ai obtenus ne gèlent pas en masse par les froids les plus rudes; ils se transforment en une substance désagrégée, qui se laisse très-aisément diviser, charger et transporter.

Dans l'espoir que l'ensemble de ces observations aidera à mieux apprécier la valeur de la diffusion au point de vue de la fabrication du sucre, je suis, etc.

XXVIII

RAPPORT

SUR LA FABRIQUE DE SUCRE DE BIELAU, PRÈS DE NEISSE,

Par M. le baron DE FALKENHAUSEN.

Bielau, 6 novembre 1867.

Je suis à même de vous donner les meilleurs renseignements sur les résultats de la diffusion établie dans ma fabrique de Bielau.

Depuis le commencement de la campagne, il a été traité en un mois 13 500 quintaux de betteraves, dont on a extrait 90 à 92 pour 100 de jus qui, arrivant parfaitement sain à la défécation, se travaillait aisément et bien, à tous les degrés de la fabrication. Les jus obtenus sont de densité uniforme, soit 6 à 6,5° Beaumé, 7,5° ou 8° Brix.

Par cette considération, par l'économie de main-d'œuvre, par l'économie de force motrice et aussi de matière première, j'estime que, dans les conditions actuelles, le procédé de la diffusion est destiné à se substituer aux autres méthodes d'extraction du jus telles que les presses et les turbines centrifuges.

En désirant sincèrement que cette méthode rationnelle se place au rang qu'elle mérite dans la fabrication du sucre, je suis avec estime, etc.

XXIX

LISTE DES FABRIQUES DE SUCRE

DANS LESQUELLES LE PROCÉDÉ DE DIFFUSION EST INSTALLÉ[1].

AUTRICHE.

MORAVIE.

		Propriétaires.
T.	GR. SEELOWITZ, près Brünn .. MM.	ROBERT et Cie.
N.	PRERAU, st. de chemin de fer...	SKÉNÉ frères.
N.	LEIPNICK, dito..........	SOCIÉTÉ PAR AC-TIONS.
N.	HATSCHEIN, près Olhmutz......	MAI frères.
T.	ALT-BRÜNN, près Brünn......	Maur. BAUER.
N.	UNG. HRADISCH, st. de ch. de fer	MAI et SPITZER.
N.	HOHENAU, dito......	STRAKOSCH frères.
N.	DRNOWITZ – WISCHAU, près Wischau..................	HERRING, OFFER-MANN et Cie.

1. T. Signifie fabrique transformée.
   N. Signifie fabrique neuve.

Propriétaires :

N. CHROPIN, près Kemsier........   SOCIÉTÉ PAR AC-
TIONS.

HONGRIE.

N. CZEPREGH, près OEdenburg ....   SOCIÉTÉ PAR AC
TIONS.

SILÉSIE.

T. OBER-SUCHA, par Oderberg....   LARISCH (le comte).

BOHÊME.

T. CZAKOWITZ I ⎫
T. CZAKOWITZ II ⎬ près Prague.   A. SCHÖTTLER.
T. WRDY, près Czaslau..........   Dito
T. FÜNFHUNDEN, près Kaaden...   HODEK.
N. CHRUDIM (ville)..............   SOCIÉTÉ PAR AC-
TIONS.
N. LIBOCHOWITZ près Lobositz...   HERBERSTEIN (le
comte).
N. VÉLIN, près Kolin............   SOCIÉTÉ PAR AC-
TIONS.
N. BRANDEIS s/n. (ville)..........   Dito
N. SMIRTZITZ, près Prague.......   J. LIEBIG et Cie.
T. ZLEB, par Prague............   AUERSPERG (le pr.).

Propriétaires :

T.	WODOLKA, par Prague........	RIESE - STALLBURG (le baron).
N.	BUCIC, par Czaslau	SOCIÉTÉ PAR AC-TIONS.
N.	BÖMISCH BROD (ville)	Dito
N.	ZETNO, près Jung-Bunzlau......	Dito
N.	CHOLTITZ, par Prague........	THUN (le comte).
N.	BÜX dito...........	SOCIÉTÉ PAR AC-TIONS.

FABRIQUES QUI ONT ADOPTÉ LA DIFFUSION

DANS LE ZOLLVEREIN (Confédération Germánique).

T.	WULFERSTEDT , près Magde-bourg.....................	MM. KÜCKEN et SCHMIDT.
T.	ERDEBORN, près Halle........	SOCIÉTÉ PAR AC-TIONS
T.	EINBECK, Brunswick	F. SCHÖTTLER.
T.	ALTSHAUSEN, près Ulm........	SOCIÉTÉ PAR AC-TIONS.
N.	BIELAU, près Neisse...........	FALKENHAUSEN (le baron de).
T.	BRIEG, st. de ch. de fer........	C. F. LOEBBECKE et Cie.
T.	KLETTENDORF, près Breslau...	A. SCHOELLER.
T.	JAGSCHENAU, près Breslau....	STEGEMANN (le lieu-tenant.)

RUSSIE.

Propriétaires :

N. JOZEFOW, près Varsovie.. .... MM. J. JANASCH.

T. RYTWIANY, près Staszow...... Ad. POTOCKI (le comte).

N. CZERSK, par Varsovie......... SOCIÉTÉ.

T. HERMANOW, dito.............. EPSTEIN.

T. KONSTANCYA, dito........... Dito.

T. OLSZANA, Podolie............ SOCIÉTÉ.

T. KREMENCZUKI, Volhynie ..... SANGUSZKO (prince) et A. POTOCKI (comte).

N. SOBOLOWKA, par Kieff en construction...

N. CHARKOFF (ville) SOCIÉTÉ.

HOLLANDE.

T. ZWANENBURG' à Halfweg, près Amsterdam.................. SOCIÉTÉ.

AUX INDES ORIENTALES.

Application à cannes à sucre.

T. ASKA, présidence de Madras...... SOCIÉTÉ.

TABLEAU COMPARATIF DES DEPENSES

DE L'EXTRACTION DES JUS DE BETTERAVES PAR LES PRESSES ET PAR LA DIFFUSION
POUR UN TRAVAIL DE 8 MILLIONS DE KIL. DE BETTERAVES

TRAVAIL PAR LES PRESSES		TRAVAIL PAR LA DIFFUSION	
Main-d'œuvre pour l'atelier des presses.. . .	13 840 fr.	Main-d'œuvre par la diffusion, 0f,06 par 100 kilós..	4 800 fr.
Dépenses des sacs pour l'atelier des presses..	4 950	10 pour 100 d'amortissement du capital de 45 000 fr., valeur du matériel.	4 500
10 pour 100 d'amortissement du capital de 27 400 fr., valeur du matériel d'extraction.	2 740	10 pour 100 d'amortissement sur la valeur de la presse à pulpe, 3500 fr.	350
4 pour 100 pour réparation et entretien du matériel ci-dessus de 27 400 fr..	1 096	Réparation du matériel = 1/3 des réparations estimées pour les presses..	365
Total.	22 626 fr.	Total.	10 015 fr.

Dép ses totales pour l'extraction par les presses..	22 626 fr.
Dito par la diffusion..	10 015
Différence ou économie.	12 610 fr.

PRODUCTION EN SUCRE

Nous aurons par les presses à raison de 7 pour 100. . . . . =	560 000 kil.	
Nous aurons par la diffusion (8/10 en plus) soit 1/2 pour 100 en plus = 7 1/2 pour 100.. . . . . =	600 000 kil.	
Différence en faveur de la diffusion.	40 000 kil. à 60 fr. $\times$	24 000 fr.
Bénéfice total.?.		36 610 fr.

Pour 8 millions nous avons un excédant de bénéfice de. . .		. . .	36 610 fr.
Pour 1 dito dito		=	4 575
Pour 10 dito dito			45 750

Il résulte de ce qui précède que les bénéfices de la 1re année couvrent les frais d'installation.

IMPRIMERIE GÉNÉRALE DE CH. LAHURE
Rue de Fleurus, 9, à Paris

IMPRIMERIE GÉNÉRALE DE CH. LAHURE
Rue de Fleurus, 9, à Paris